高瓦斯矿井U型通风采煤工作面瓦斯治理技术研究与应用

陈　忠　谢生荣　乔书明　　著
王俊星　冯喜瑞　杨利军

U0313451

北　京
冶金工业出版社
2023

内 容 提 要

本书以景福煤矿的开采为背景，通过大量实践数据展现 U 型通风治理瓦斯的良好工作能力。全书共分 7 章，主要内容包括绪论、采煤工作面瓦斯来源分析、采煤工作面瓦斯抽采工程设计与实施、U 型通风采煤工作面瓦斯治理效果观测及数据统计、U 型通风采煤工作面邻近层瓦斯抽采技术分析、U 型通风采煤工作面瓦斯治理的其他技术问题、结论等。

本书可供煤矿开采领域的技术人员和管理人员使用，也可作为煤矿专业本科生和研究生的参考书。

图书在版编目 (CIP) 数据

高瓦斯矿井 U 型通风采煤工作面瓦斯治理技术研究与应用／陈忠等著. —北京：冶金工业出版社，2023.10
　　ISBN 978-7-5024-9648-7

Ⅰ.①高…　Ⅱ.①陈…　Ⅲ.①煤矿—瓦斯治理—研究　Ⅳ.①TD712

中国国家版本馆 CIP 数据核字 (2023) 第 193982 号

高瓦斯矿井 U 型通风采煤工作面瓦斯治理技术研究与应用

出版发行	冶金工业出版社	电　话	(010)64027926
地　　址	北京市东城区嵩祝院北巷 39 号	邮　编	100009
网　　址	www.mip1953.com	电子信箱	service@ mip1953.com

责任编辑　任咏玉　杨　敏　美术编辑　彭子赫　版式设计　郑小利
责任校对　葛新霞　责任印制　禹　蕊
北京建宏印刷有限公司印刷
2023 年 10 月第 1 版，2023 年 10 月第 1 次印刷
710mm×1000mm　1/16；7.25 印张；139 千字；107 页
定价 59.00 元

投稿电话　(010)64027932　投稿信箱　tougao@cnmip.com.cn
营销中心电话　(010)64044283
冶金工业出版社天猫旗舰店　yjgycbs.tmall.com
(本书如有印装质量问题，本社营销中心负责退换)

前　言

从 20 世纪 90 年代中后期开始，"U+L""U+I"型通风方式成为我国解决综采（综放）工作面回风隅角瓦斯问题的重要措施。在长达 20 多年的时间里，"U+L""U+I"型通风方式不仅在阳泉矿区普遍使用，而且在全国各主要高瓦斯矿区得到推广，这两类通风方式曾经对煤矿实现高产高效起到决定性的作用。但是，采煤工作面专用排瓦斯巷的设置，虽然有利于瓦斯治理，但与采空区防灭火工作存在矛盾，协调、平衡瓦斯治理与采空区防灭火之间的关系一直是专用排瓦斯巷推广的技术难点；同时，专用排瓦斯巷瓦斯浓度上限是 2.5%，大于 1%，更接近瓦斯爆炸极限（5%～16%），使瓦斯管理安全系数降低 50%；再次，实践中比较难以实现真正意义上的采掘工作面独立通风。鉴于这些问题，2016 年版《煤矿安全规程》取消了"专用排瓦斯巷"技术。

在此背景下，大量的矿井需要研究探索取代"专用排瓦斯巷"技术的新方案。这些新方案都必须在回归"U"型通风方式的基础上解决综采（综放）工作面回风隅角瓦斯问题，或采用"Y"型通风方式和沿空留巷技术。

基于上述情况，本书以阳煤集团景福煤矿 15 号煤一次采全高综采工作面瓦斯治理工作为研究对象，结合景福煤矿的实际情况，针对综采工作面瓦斯治理进行了工程设计、施工组织、运行管理、数据观测、效果分析、改进措施制定等一系列工作。按照综采工作面瓦斯来源分析、瓦斯抽采方法选择和技术参数设计、工程实施及数据观测、效果分析的步骤与方法，探索并相对固化一套适合本矿井采煤工作面实际的瓦斯治理技术。

　　本书在编写过程中，参考和引用了有关文献，在此对文献作者致以衷心的感谢。

　　由于作者水平所限，书中难免有不足和疏漏之处，诚请读者批评指正。

作　者

2023 年 8 月于太原

目　　录

1 绪 论

1.1 研究背景及意义

阳泉矿区是我国最大的无烟煤生产基地和主要的高瓦斯矿区。从 20 世纪 90 年代中后期起,"U + L""U + I"型通风方式成为解决综采(综放)工作面回风隅角瓦斯问题的重要措施。在长达 20 多年的时间里,"U + L""U + I"型通风方式不仅在阳泉矿区普遍使用,而且在全国各主要高瓦斯矿区得到推广,这两类通风方式曾经对煤矿实现高产高效起到决定性的作用。从 1992 年版《煤矿安全规程》将"U + L""U + I"型通风方式的核心技术——专用排瓦斯巷进行技术规范化以后,《煤矿安全规程》历经 2004 年、2011 年两次重大修订,专用排瓦斯巷的设置、管理技术规范日臻完善。

采煤工作面专用排瓦斯巷的设置,有利于瓦斯治理,但与采空区防灭火工作存在矛盾;协调、平衡瓦斯治理与采空区防灭火之间的关系一直是专用排瓦斯巷推广的技术难点。同时,专用排瓦斯巷瓦斯浓度上限是 2.5%(体积分数),比 1% 更接近瓦斯爆炸极限(5% ~ 16%),使瓦斯管理安全系数降低 50%。另外,实践当中比较难以实现真正意义上的采掘工作面独立通风。鉴于这些问题,2016 年版《煤矿安全规程》取消了"专用排瓦斯巷"技术。

在此背景下,大量的矿井需要研究探索取代"专用排瓦斯巷"技术的新方案。这些新方案都必须在回归"U"型通风方式的基础上解决综采(综放)工作面回风隅角瓦斯问题,或采用"Y"型通风方式和沿空留巷技术。

1.2 研究现状

李月奎对"Y"型通风方式和沿空留巷技术进行研究,研究内容为在采煤工作面后沿采空区边缘用高水材料(或混凝土)进行巷旁充填支护,维护原回采巷道并留给下一回采工作面使用,采用"Y"型通风方式替代了传统的"U + L"型通风方式。阳煤集团新元公司 3107 工作面采用高水材料沿空留巷技术。3107 回采工作面采用"Y"型通风方式后,改变了采空区瓦斯流向,有效解决了工作面上隅角瓦斯积聚问题，正常生产期间，工作面瓦斯涌出量降低了50%，瓦斯得到了有效治理，避免了在瓦斯临界状态下割煤的状况。沿空留巷成本为12519.42元/m，比施工一条顺槽节约成本1013.08元/m。3号煤回采工作面节省了一条顺槽巷道，有效缓解了当前衔接紧张、风量紧张、防突压力大的被动局面。采用沿空留巷技术每个工作面可多回收45m煤柱，多回收资源 $28.6 \times 10^4 t$，实现矿井资源回收率和回采率的提升。阳煤集团目前只限于在瓦斯涌出量不超 $15m^3/min$ 且无自然发火的中厚单一煤层中使用。

李月奎对"采用专用瓦斯抽采巷、低位瓦斯抽采巷代替专用排瓦斯巷"的研究介绍了阳煤集团所属13座矿井建立的井下移动瓦斯泵站，泵站内一般安设 $2 \sim 3$ 台水环真空泵，通过原专用排瓦斯巷横贯（外错尾巷）或原专用排瓦斯巷巷口（内错尾巷）埋设的瓦斯管路抽采采煤工作面回风隅角瓦斯。也有部分矿井利用地面固定瓦斯泵抽采。

李海贵对"高突矿井采煤工作面实现U型通风"进行研究，在寺河矿采用综合抽采措施，即在采煤工作面后方横贯埋管、向采空区施工穿透钻孔、向工作面冒落带施工中位钻孔、向工作面裂隙带施工高位钻孔，将以上瓦斯源接入抽采管路系统，由地面瓦斯泵站负担抽采。在岳城矿采用的综合抽采措施，包括：(1)施工大孔径高位钻孔实施采空区瓦斯抽采；(2)施工高位钻场抽采钻孔实施采空区瓦斯抽采；(3)工作面地采动井实施采空区瓦斯抽采；(4)实施工作面尾部埋管抽放。

俞启香对"采空区埋管瓦斯抽采方法"的研究，是在回风隅角位置顶板垮落之前，将橡胶埋吸管和瓦斯抽采器沿巷帮铺设，橡胶埋吸管接入抽采系统。

1.3 研究内容

本书在矿井瓦斯抽采理论与技术的基础上，综合前人的研究成果，结合景福煤矿的实际情况，针对采煤工作面瓦斯治理进行了工程设计、施工组织、运行管理、数据观测、效果分析、改进措施制定等一系列工作。本书的主要研究内容为：分析各类瓦斯来源抽采的必要性、可行性、难易程度及对策；针对同一瓦斯源，探索最经济、最有效的实现途径，包括不同的抽采方法或同一抽采方法不同的参数选取；对瓦斯治理过程出现的各种问题、现象进行分析，查找原因，制定对策；探索并相对固化一套适合矿井采煤工作面实际的瓦斯治理技术，技术路线如图1.1所示。

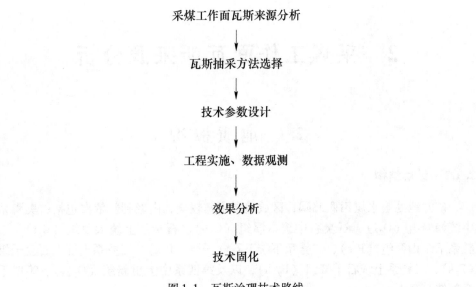

图 1.1 瓦斯治理技术路线

2 采煤工作面瓦斯来源分析

2.1 地质概况

2.1.1 地层结构

矿井地处沁水煤田西北隅，区域地层出露较全，由老到新依次包括：奥陶系中统峰峰组（O_2f）、石炭系中统本溪组（C_2b）、石炭系上统太原组（C_3t）、二叠系下统山西组（P_1s）、二叠系下统下石盒子组（P_1x）、二叠系上统上石盒子组（P_2s）、二叠系上统石千峰组（P_2sh），以及第四系中上更新统（Q_{2+3}）、第四系全新统（Q_4）。

2.1.2 地质构造

本书研究的矿井位于沁水煤田北缘西段，太原东山矿区的东南部，属晋中断陷盆地东侧上升区，东山背斜的东南翼，为中山区，东山背斜轴向北东，向南西倾伏。区内地层平缓，倾角一般在 6°～12° 之间，局部可达 30°，次一级构造以断裂为主，褶曲次之。断层多为走向 NE、NEE 和近 EW 向的高角度正断层。井田地质构造复杂程度为中等类型。区内岩浆岩活动不发育。

2.1.3 含煤特征

井田主要含煤地层为二叠系下统山西组及石炭系上统太原组，共含煤 14 层，其中山西组 6 层，太原组 8 层，自上而下编号为 1 号、2 号、3 号、4 号、5 号、$5_下$ 号、8 号、9 号、11 号、12 号、13 号、15 号、$15_下$ 号、16 号煤层，含煤地层总厚为 181.06m，煤层总厚为 11.97m，含煤系数为 6.61%。煤系地层综合柱状图如表 2.1 所示，煤层特征如表 2.2 所示。

二叠系下统山西组（P_1s）是井田内含煤地层之一，本组厚 45.53～69.25m，平均厚度为 55.40m，含煤 6 层，自上而下编号为 1 号、2 号、3 号、4 号、5 号、$5_下$ 号，见煤点平均总厚 2.22m，含煤系数为 4.01%，区内均不可采。

石炭系上统太原组（C_3t）是井田内另一主要含煤地层，本组厚 102.80～152.66m，平均厚度为 124.57m，含煤 8 层，自上而下编号为 8 号、9 号、11 号、12 号、13 号、15 号、$15_下$ 号、16 号，见煤点平均总厚为 9.75m，含煤系数为 7.83%，主要可采煤层有 8 号、15 号，平均总厚 5.88m，可采煤层含煤系数为

表2.1 煤系地层综合柱状图

地层系统				煤层	标志层代码	岩层厚度（最小~最大/平均）/m	岩 性 描 述
界	系	统	组	段			
古 生 界 Pz	二 叠 系 P	下 统 P₁	山 西 组 P₁s		1号	1.88 / 0~0.45 / 0.30	本组为区内含煤地层之一，主要由灰、深灰色砂岩、砂质泥岩、泥岩及煤层组成，煤层均不可采；砂质泥岩、泥岩中多含植物化石，3号与5号煤层中间的泥岩微含铝质
					2号	15.79 / 0~0.45 / 0.36	
					3号	6.29 / 0~0.45 / 0.38	
					4号	3.57 / 0~0.50 / 0.40	
					5号	9.11 / 0~0.55 / 0.40	
					5号下	7.82 / 0~0.55 / 0.40	
						K7	3.23~19.36 / 9.77	K7为浅灰、灰色中~细粒岩屑石英砂岩，分选性、磨圆性为好~中等，钙质、泥质胶结，含少量泥质包体，具缓波状层理，与下伏地层整合接触
	石 炭 系 C	上 统 C₃	太 原 组 C₃t		8号	6.02 / 0.35~3.39 / 1.88	8号煤层为较稳定可采煤层，偶含一层夹石，顶板为灰黑色海相泥岩，含少量菱铁矿结核，可作为对比标志
					9号	17.00 / 0~1.20 / 0.75 / 16.81	由浅灰、深灰色中~细粒石英长石砂岩，黑色、灰黑色泥岩及砂质泥岩、煤层组成，砂岩成分由石英、长石、白色云母片、岩屑组成，在砂岩的顶部及底部为薄层砂质泥岩，中部砂质泥岩发育不稳定；9号煤层厚度变化较大，局部达可采厚度，顶底板为薄层砂质泥岩，其上为浅灰、深灰色中粒石英长石砂岩
						K4	1.20~4.35 / 2.70	K4灰色石灰岩，中薄层状，含泥质较大，含方解石细脉及海相动物化石，俗称"猴石"。化石：网格长身贝、角状小泽蜓、皱壁蜓
					11号	0~0.45 / 0.32	本段由煤层、黑色砂质泥岩、泥岩及中细粒砂岩组成，其中11号煤层为不可采煤层，12号煤层厚度变化较大。砂岩以灰黑色中粒石英砂岩为主，局部砂岩颗粒较粗，砂质泥岩、泥岩多呈黑色、灰黑色
					12号	3.22 / 0~1.55 / 0.75 / 15.50	
						K3	1.00~2.25 / 1.60	K3灰色中厚层状石灰岩，俗称"钱石"，含大量的海百合茎及层孔虫、蜓类、腕足类等化石
					13号	0~0.55 / 0.30 / 7.62	由灰色石英细砂岩、黑色泥岩、砂质泥岩及煤层组成，顶部13号为不可采煤层，其底板为一层石英质中细砂岩，俗称"怪砂岩"，下部为黑色泥岩及砂质泥岩
						K2	1.20~3.33 / 2.13 / 16.78	本段由灰色石灰岩、黑色、黑灰色泥岩、砂质泥岩及粉砂岩组成。顶部与底部的K2灰岩与K2下灰岩俗称"四节石"，中厚层状，质纯，含方解石细脉及海百合茎动物化石。泥岩及砂质泥岩中含较少植物化石，含星点状及团块状黄铁矿，砂岩成分有石英、长石、云母片、黑色矿物
						K2下	0.86~1.96 / 1.41	
					15号	3.03~5.21 / 4.00 / 4.62	15号煤为本区稳定煤层，局部含一层夹石，含黄铁矿晶体
							深灰色、黑色泥岩，含植物化石、黄铁矿，局部夹薄层细砂层
					15号下	0.30~2.60 / 0.68	15号下煤为本区不稳定煤层，厚度变化较大
					16号	0~1.50 / 1.07 / 10.08	16号煤为本区不稳定可采煤层，厚度变化较大
						K1	5.00~7.64 / 5.92	底部K1砂岩为灰白色中、细粒砂岩，局部相变为粉砂岩或砂质泥岩，钙质胶结，含泥质包体，正粒序，具斜层理砂体呈指状分布，连续沉积于下伏地层本溪组之上
		中 统 C₂	本 溪 组 C₂b				37.09~76.53 / 49.00	本组地层主要由浅灰色及灰色细砂岩、粉砂岩、砂质泥岩、泥岩、铝质泥岩及2~4层石灰岩组成，含2~3层煤线。底部为鸡窝状山西式铁矿及铝土矿，与下伏地层平行不整合接触
	奥 陶 系 O	中 统 O₂	峰 峰 组 O₂f	上 段 O₂f²			37.09~76.53 / 47.58	以深灰色厚层状石灰岩为主，夹有浅灰色泥灰岩
				下 段 O₂f¹			137.09~176.53 / 115.37	本段地层主要由灰色及深灰色厚层状泥质白云岩、石灰岩、泥质灰岩及薄层状石膏层组成，其中底部的石膏层可作为与下部地层分界的辅助标志层。与下伏地层整合接触

表 2.2 煤层特征一览表

地层	煤号	煤层厚度 $\left(\dfrac{最小\sim最大}{平均}\right)/m$	煤层平均间距/m	煤层结构（夹矸数）	稳定性	可采性	顶板岩性	底板岩性
山西组	1 号	$\dfrac{0\sim0.45}{0.30}$		简单(0)	不稳定	不可采	砂质泥岩	砂质泥岩
	2 号	$\dfrac{0\sim0.45}{0.36}$	15.79	简单(0)	不稳定	不可采	砂质泥岩	砂质泥岩
	3 号	$\dfrac{0\sim0.45}{0.38}$	6.29	简单(0)	不稳定	不可采	砂质泥岩	砂质泥岩
	4 号	$\dfrac{0\sim0.50}{0.40}$	3.57	简单(0)	不稳定	不可采	砂质泥岩	泥岩
	5 号	$\dfrac{0\sim0.55}{0.40}$	9.11	简单(0)	不稳定	不可采	中砂岩	砂质泥岩
	5下 号	$\dfrac{0\sim0.45}{0.38}$	7.82	简单(0)	不稳定	不可采	砂质泥岩	砂质泥岩
太原组	8 号	$\dfrac{0.35\sim3.39}{1.88}$	17.40	简单(0-1)	稳定	大部可采	泥岩 砂质泥岩	砂质泥岩 泥岩
	9 号	$\dfrac{0\sim1.20}{0.75}$	17.00	简单(0)	不稳定	不可采	泥岩	砂质泥岩
	11 号	$\dfrac{0\sim0.45}{0.32}$	19.51	简单(0)	不稳定	不可采	石灰岩	泥岩
	12 号	$\dfrac{0\sim1.55}{0.75}$	3.22	简单(0)	不稳定	不可采	砂质泥岩	砂质泥岩
	13 号	$\dfrac{0\sim0.55}{0.30}$	21.70	简单(0)	不稳定	不可采	石灰岩	粉砂岩
	15 号	$\dfrac{3.03\sim5.21}{4.00}$	28.00	简单(0-1)	稳定	全区可采	石灰岩	泥岩 砂质泥岩
	15下 号	$\dfrac{0.30\sim2.60}{0.68}$	4.62	简单(0)	不稳定	不可采	泥岩	砂质泥岩
	16 号	$\dfrac{0\sim1.50}{1.07}$	3.35	简单(0)	不稳定	局部可采	泥岩	砂质泥岩

4.72%，8 号煤属稳定大部可采的中厚煤层，15 号煤属稳定全区可采的厚煤层，9 号、12 号、15下 号、16 号煤局部达到可采，其他煤层均不可采。

2.1.4 煤质

2.1.4.1 物理性质及煤岩特征

8号、15号煤层的颜色及条痕均为黑色，多具中宽－细条带状结构，层状、块状构造，以玻璃光泽～强玻璃光泽为主，具丝绢光泽或油脂光泽，内生节理和次生节理较发育，15号煤层内生裂隙常被方解石脉及黄铁矿薄膜充填。8号视密度在1.34～1.56g/cm³之间，15号视密度在1.32～1.49g/cm³之间。

8号、15号煤有机物组分以镜质组为主，均大于85%，丝质组含量次之，一般在10%左右，镜质组以均质镜质体和基质镜质体为主，基质镜质体中常分布有丝质体及惰屑体。丝质组以丝质体为主，显微煤岩类型以微镜煤、微亮煤为主，含少量微镜惰煤及微矿化煤。宏观煤岩按平均光泽类型划分，多以光亮型煤为主，半光亮型及暗淡型煤为辅。煤中无机矿物以黏土类为主，多呈散粒状、微条带状分布。

其中15号煤层以亮煤为主，内生裂隙发育，煤层中含1～2层泥质夹矸，厚度一般为0.05～0.15m，平均为0.1m。直接顶为石灰岩，平均厚度为1.60m；老顶为砂质泥岩，平均厚度为5.0m；直接底为细砂岩，平均厚度为5.9m；老底为砂质泥岩，平均厚度为15.0m。

2.1.4.2 煤质特征

8号煤属于低灰～高灰、特低硫～中高硫、中热值～特高热值的贫煤(PM)和贫瘦(PS)煤。15号煤属于特低灰～中灰、低硫～高硫、高热～特高热值的贫煤(PM)。

2.1.5 瓦斯赋存情况

2.1.5.1 地勘资料

河南理工大学依据阳泉新宇岩土工程有限责任公司在本井田取得的地勘资料，计算得8号煤、15号煤瓦斯含量，如表2.3所示。表2.3中，M_{ad}、A_{ad}、V_{daf}依次代表水分、灰分、挥发分。

表2.3 煤层地勘瓦斯含量表

煤层	钻孔编号	采样深度/m	样品质量/g	工业分析/%			自然瓦斯成分/%			瓦斯含量/m³·t⁻¹
				M_{ad}	A_{ad}	V_{daf}	CH_4	CO_2	N_2	
8号	K-36	480.23	310	0.43	29.75	17.38	85.25	2.48	11.38	20.06
	K-38	520.12	300	1.09	7.34	14.98	94.30	0.74	4.96	7.75
	K-39	536.85	222	0.42	8.91	14.73	97.45	0.81	1.22	17.56
	K-54	389.32	280	0.95	17.50	14.90	82.14	2.50	5.47	5.87

煤层	钻孔编号	采样深度/m	样品质量/g	工业分析/%			自然瓦斯成分/%			瓦斯含量/m³·t⁻¹
				M_{ad}	A_{ad}	V_{daf}	CH_4	CO_2	N_2	
15 号	K-34	687.6	330	0.53	16.25	14.56	94.46	0.9	2.59	13.8
	K-39	618.4	305	0.37	17.22	13	84.58	2.85	11.85	14.23
	K-51	428.64	225	0.7	27.33	18.15	79.29	0.79	19.41	11.16

2.1.5.2 生产期间实测资料

生产期间实测资料包括科研机构检测报告和本矿井专业部门实测报告。15 号煤层瓦斯基础参数如表 2.4 所示，测量深度为 609m。15 号煤层瓦斯含量实测数据如表 2.5 所示。

表 2.4　15 号煤层瓦斯基础参数

原始瓦斯含量/m³·t⁻¹	原始瓦斯压力/MPa	K_1	吸附常数		孔隙率/%	坚固性系数	放散初速度	透气性系数/m²·MPa⁻²·d⁻¹
			a/m³·t⁻¹	b/MPa⁻¹				
3.76 ~ 7.46	0.16 ~ 0.46	0.27 ~ 0.36	29.943	0.991	3.82	0.5 ~ 0.68	7.4 ~ 11.09	0.259

表 2.5　15 号煤层瓦斯含量实测数据汇总

测定地点	取样具体位置	标高/m	盖山厚度/m	瓦斯含量/m³·t⁻¹
轨道大巷	S54 测点以南 30m	613	631	10.67
轨道大巷	S57 测点以南 10m	620	622	7.89
轨道大巷	S58 测点以南 25m	625	609	7.36
轨道大巷	S59 测点以南 14m	625	601	6.65
轨道大巷	S59 测点以南 35m	625	603	11.79
轨道大巷	S59 测点以南 40m	625	604	11.26
轨道大巷	S59 测点以南 40m	625	604	9.11
轨道大巷	S59 测点以南 40m	625	604	10.19
回风大巷	F50 测点以南 15m	614	646	8.64
回风大巷	F50 测点以南 70m	618	633	10.59
回风大巷	F50 测点以南 70m	618	633	12.98

测定地点	取样具体位置	标高/m	盖山厚度/m	瓦斯含量/$m^3 \cdot t^{-1}$
回风大巷	F53 测点以南 14m	629	626	11.47
回风大巷	F53 测点以南 14m	629	626	9.26
回风大巷	F53 测点以南 14m	629	626	7.76
回风大巷	F55 测点以南 90m	633	643	9.94
回风大巷	F57 测点以南 11m	633	628	9.77
胶带大巷	十横贯以南 15m	628	628	9.27
轨回十横贯	横贯开口以西 18m	628	627	6.77
15201 回风顺槽	H112 测点以西 40m	588	660	8.86
15201 回风顺槽	H114 以西 63m	600	626	14.45
15201 回风顺槽	H114 以西 63m	600	626	10.79
15201 回风顺槽	H114 以西 63m	600	626	7.49
15201 回风顺槽	H114 以西 65m 左 15m	595	528	10.66
15201 回风顺槽	H114 以西 65m 左 15m	595	528	7.14
15201 进风顺槽	切巷开口处	577	622	7.74
15201 开切眼	120 测点以南 38m	583	615	8.66
15201 开切眼	进风侧开口以里 80m	584	615	9.36
15201 开切眼	进风侧开口以里 80m 深 15m	584	615	7.82
15201 开切眼	121 测点以西 6m 深 14m	586	611	7.26
15201 开切眼	进风开口以里 130m 深 11m	588	611	8.55
15201 开切眼	121 测点以南 27m	586	612	7.86
15201 开切眼	距测点 154m 中 13m	592	607	7.56
15202 进风顺槽	J3 测点以西 42m	599	624	8.95
15202 进风顺槽	J5 测点以西 31m	590	632	12.65
15202 进风顺槽	J5 测点以西 31m	590	632	10.38
15202 进风顺槽	J5 测点以西 31m	590	632	9.39
15202 进风顺槽	J8 测点以西 5m	577	651	10.05
15202 进风顺槽	J8 测点以西 5m	577	651	8.28
15202 进风顺槽	J8 测点以西 5m	577	651	7.56

续表2.5

测定地点	取样具体位置	标高 /m	盖山厚度 /m	瓦斯含量 /$m^3 \cdot t^{-1}$
15202 进风顺槽	四横贯以西 50m	578	667	9.27
15202 进风顺槽	J13 测点以西 11m 深 10m	597	629	7.36
15202 进风顺槽	J13 测点以西 27m 深 15m	597	632	7.42
15202 进风顺槽	J13 测点以西 42m	597	632	7.86
15202 进风顺槽	九横贯以西 26m 深 15m	597	601	7.39
15202 进风顺槽	十一横贯以西 12m	595	603	10.87
15202 进风顺槽	十一横贯以西 12m	594	603	7.32
15202 进风顺槽	十一横贯以西 42m	592	636	8.12
15202 进风顺槽	十一横贯以西 42m	592	536	7.92
15202 进风顺槽	十一横贯以西 42m	592	536	7.91
15202 进风顺槽	十一横贯以西 65m	589	541	8.12
15202 进风顺槽	十一横贯以西 100m	587	532	6.56
15202 进风顺槽	Y20 测点以西 34m	559	666	2.26
15202 进风顺槽	Y20 测点以西 40m	557	668	6.46
15202 进风顺槽	J24 测点以西 47m	507	691	8.20
15202 进风顺槽	J25 测点以西 30m	507	692	12.38
15202 进风顺槽	J25 测点以西 30m	507	692	9.85
15202 进风顺槽	J25 测点以西 30m	507	692	8.76
15202 进风顺槽	J25 测点以西 30m	507	691	7.97
15202 回风顺槽	测点以西 6m	613	647	6.34
15202 回风顺槽	H5 测点以西 15m	613	617	8.31
15202 回风顺槽	H6 测点以西 5m	610	620	8.67
15202 回风顺槽	15202 回风风桥	613	637	7.63
15202 回风顺槽	东头，H13 测点以西 10m	585	673	8.76
15202 开切眼	开切眼开口以里 60m	601	617	11.06
15202 开切眼	开切眼开口以里 60m 深 13m	600	617	10.82
15202 开切眼	开切眼开口以里 60m 深 13m	600	617	10.59
15202 开切眼	开切眼开口以里 60m 深 7.5m	600	617	9.59

测定地点	取样具体位置	标高/m	盖山厚度/m	瓦斯含量/m³·t⁻¹
15202 开切眼	开切眼开口以里 80m 深 15m	601	624	9.35
15202 开切眼	开切眼开口以里 194m	598	651	7.97
15203 进风顺槽	风桥以西 6m	617	624	6.68
15203 进风系统巷	系统巷以里 10m 深 15m	615	627	7.21
15203 进风顺槽	J5 测点以西 28m	611	638	7.93
15203 进风顺槽	J5 测点以西 34m	611	638	7.86
15203 进风顺槽	返掘头，开切眼以东 130m	590	636	8.42
15203 进风顺槽	J5 测点以西 60m	611	640	8.56
15203 进风顺槽	返掘头，F 测点以东 30m	589	642	10.73
15203 进风顺槽	J8 测点以西 45m	589	667	9.32
15203 进风顺槽	J2 测点以西 32m 处	596	653	10.21
15203 进风顺槽	3J21 测点以西 47m	592	636	11.83
15203 进风顺槽	3J23 测点以西 45m	576	634	12.23
15203 回风顺槽	M10 测点以西 10m	590	660	12.39
15203 进风腰巷	T1 测点以南 30m	587	640	10.26
15203 进风腰巷	T3 测点以南 16m	588	641	10.08
15203 进风腰巷	T3 测点以南 16m	588	641	10.74
15204 进风顺槽	M4 测点以西 60m	615	661	8.25
15204 进风顺槽	M4 测点以西 12m	617	657	8.15
15204 进风顺槽	M4 测点以西 20m	616	659	10.00

2.1.5.3 邻近层及围岩瓦斯赋存

阳泉矿区所属矿井开采 3 号、6 号、8 号、9 号、12 号、15 号煤层，各煤层均富含瓦斯。另外，位于 12 号煤附近的 K_4、K_3 灰岩中也富含瓦斯。其中，9 号煤瓦斯含量最大，而 15 号煤瓦斯含量最小。

本矿井邻近层及围岩瓦斯赋存情况总体符合阳泉矿区瓦斯赋存规律，比如，下组煤瓦斯含量总体上低于上组煤。但本矿井邻近层及围岩瓦斯赋存的特殊性也比较明显，比如，本矿井此前曾以 K_4 灰岩为顶板、沿 11 号煤施工三条高抽巷，掘进期间瓦斯涌出量较小；本井田 24 个勘探钻孔中，只有 K-36 揭露 12 号煤层。作者认为，12 号煤层大部尖灭、缺失可能与 K_4 灰岩赋存瓦斯较少有关。

2.2　开采方法

2.2.1　采煤方法和顶板管理方法

15 号煤层采用走向长壁综采一次采全高采煤方法。顶板管理采用全部垮落法。回采工作面推进方式为后退式，采区内为前进式。

2.2.2　回采巷道布置及通风方式

以往每个采煤工作面共布置 4 条回采巷道，即：进风顺槽、回风顺槽、外错尾巷、高抽巷。进风顺槽、回风顺槽、外错尾巷均沿 15 号煤层顶底板布置，高抽巷沿 11 号煤层顶板布置。其中外错尾巷又称专用排瓦斯巷，下个工作面开采时复用作进风顺槽。通风方式采用"U + L"型。

2016 年版《煤矿安全规程》取消了"专用排瓦斯巷"技术。因此，以后开采的工作面通风方式需要改为采用"U"型。同时，考虑到已经开采的 2 个工作面邻近层瓦斯涌出的情况，决定在 15201 工作面首次以倾斜钻孔代替高抽巷。

2.2.3　工作面生产能力

回采工作面长度为 180m，日循环进度为 4.8m，正规循环率 75%。年工作日为 330 天，三八制作业方式，一班检修两班生产。工作面回采率为 93%。工作面年生产能力为 $1.1 \times 10^6 t$，平均日产 3333t。采用"一井一面"达产模式。

2.2.4　开采深度

本书研究的煤矿的采掘活动所处标高经历了由高到低、由浅入深的过程，由最初的 +720m 变为 +580m，盖山厚度由 480m 增加到 620m。瓦斯赋存情况随着开采深度的增加表现出比较明显的正相关趋势。第三个采煤工作面（15101 采煤工作面）开采深度达到最大后，开采条件不会出现大的变化，因此 15101 采煤工作面相关经验数据具有比较强的代表性。

2.2.5　瓦斯治理方法和装备

回采工作面采用抽采、通风相结合的方法治理瓦斯。抽采方法按照瓦斯来源分为本煤层瓦斯抽采和邻近层瓦斯抽采。邻近层瓦斯抽采服务范围为一个采煤工作面，本煤层瓦斯抽采服务范围包括一个采煤工作面、一个备用工作面和四个掘进工作面。

矿井建有高、低负压两套瓦斯抽采系统。高负压系统用于抽采本煤层瓦斯；低负压系统用于抽采回采工作面邻近层瓦斯。地面瓦斯泵站安装四台瓦斯泵，其中两台 2BEC72 型水环真空泵（额定流量为 $610m^3/min$）用于抽采本煤层瓦斯；一台 2BEC80 型水环真空（额定流量为 $705m^3/min$）、一台 ZR7-750WP 型湿式罗茨（额定流量为 $577m^3/min$）抽采邻近层瓦斯。本煤层抽采系统主管采用 $\phi820mm \times 7mm$ 螺旋焊管，沿回风立井、回风石门铺设；干管采用 $\phi630mm \times 6mm$ 螺旋焊管，沿 15 号煤回风大巷铺设，分管采用 $\phi377mm \times 3mm$ 螺旋焊管，沿采掘工作面进、回风顺槽铺设。邻近层抽采系统主管采用 $\phi820mm \times 7mm$ 螺旋焊管，沿回风立井、回风石门铺设；干管、分管均采用 $\phi630mm \times 6mm$ 螺旋焊管，沿高抽回风巷铺设。

以往采煤工作面邻近层瓦斯抽采采用在高抽巷口密闭墙埋设瓦斯管接入抽采系统的方法，平均瓦斯抽采量为 $13.68m^3/min$。本煤层平均瓦斯抽采量为 $3.34m^3/min$，其中采煤工作面的瓦斯抽采量为 $2.11m^3/min$。采煤工作面平均瓦斯抽采率为 54.87%，矿井平均瓦斯抽采率为 42.02%。

2.3 采煤工作面瓦斯涌出量分析

2.3.1 15101 采煤工作面开采情况

15101 采煤工作面可采走向长 647m，工作面倾斜长 180m。煤层平均厚度为 3.7m，可采储量为 $56.69 \times 10^4 t$。该工作面地面标高 1266.9～1191.3m，煤层底板标高 561.9～610m，埋藏深度为 581～705m。

该工作面地质构造总体为东高、西低的单斜构造形态，煤层向西南倾伏，倾角一般为 3°～15°，平均为 9°。该工作面中部揭露陷落柱一个，长轴为 68m、短轴为 50m。该工作面东中部揭露一条斜向贯穿进回风顺槽、落差为 4.5m 的断层。

15101 采煤工作面从某年 6 月 20 日开始正式开刀割煤，到次年 4 月 12 日开采完毕，开始回撤采煤设备，前后历时 11 个月，累计产煤 62.31 万吨。

2.3.2 采煤工作面通风设计

15101 采煤工作面采用"U + I"型通风方式，总进风量为 $3000m^3/min$，总回风量为 $3050m^3/min$（其中：回风顺槽回风量为 $2900m^3/min$，尾巷横贯回风量为 $150m^3/min$）。

2.3.3 采煤工作面瓦斯涌出量情况

2.3.3.1 采煤工作面回风顺槽风排瓦斯量

图 2.1 为安全监控系统记录的 15101 采煤工作面开采期间回风顺槽瓦斯浓度

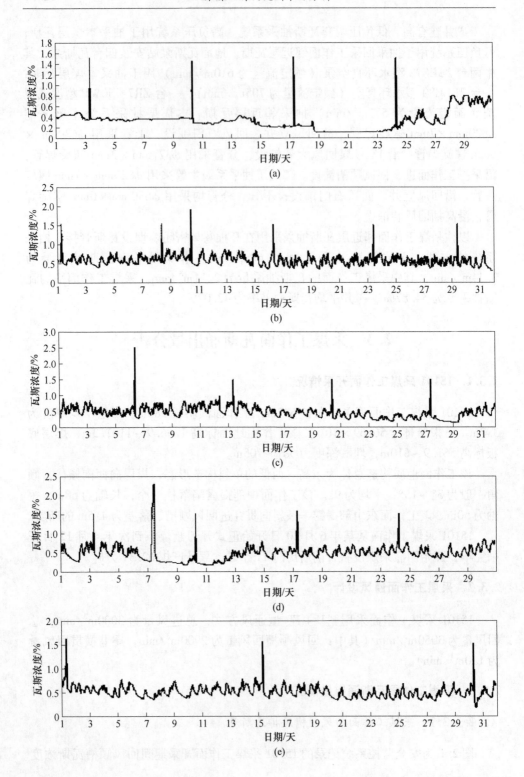

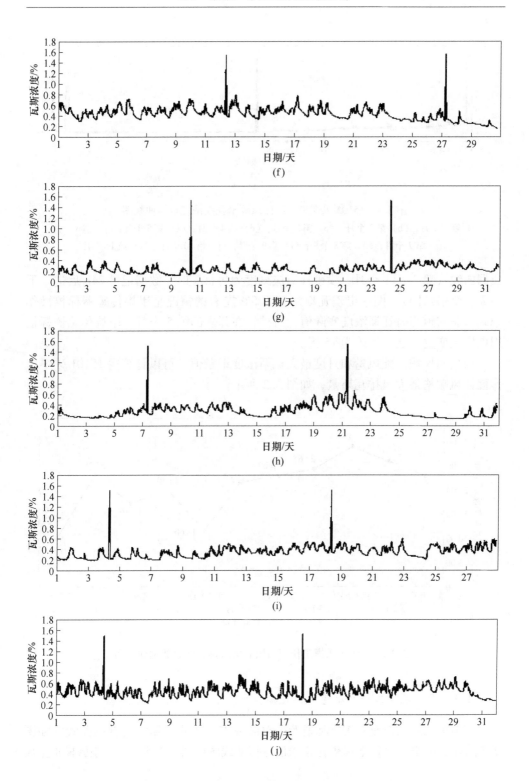

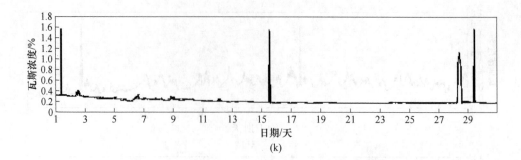

图 2.1 15101 采煤工作面回风顺槽瓦斯浓度数据曲线图

(a) 第1个月；(b) 第2个月；(c) 第3个月；(d) 第4个月；(e) 第5个月；(f) 第6个月；

(g) 第7个月；(h) 第8个月；(i) 第9个月；(j) 第10个月；(k) 第11个月

数据曲线（第 1~11 个月，横坐标对应刻度为每日零时，数据记录 24h 后进入下一天，全书余同）。图中出现瓦斯浓度 1.5% 左右的情况是甲烷传感器标校操作记录，非巷道当时瓦斯浓度实际值。另外，在开采的第 5 个月，甲烷传感器标校周期发生变更，从 7 天改为 15 天。

　　根据回风顺槽配风量和月度最大瓦斯浓度记录值，可以计算得 15101 采煤工作面回风顺槽最大风排瓦斯量，如图 2.2 所示。

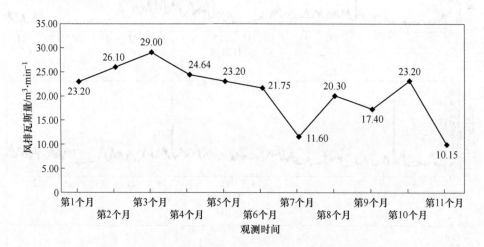

图 2.2 15101 采煤工作面回风顺槽风排瓦斯量数据曲线图

2.3.3.2 采煤工作面尾巷风排瓦斯量

15101 采煤工作面专用排瓦斯巷采空区横贯上风侧瓦斯浓度数据曲线图如图 2.3 所示，采空区横贯下风侧瓦斯浓度数据曲线图如图 2.4 所示。采空区横贯上风

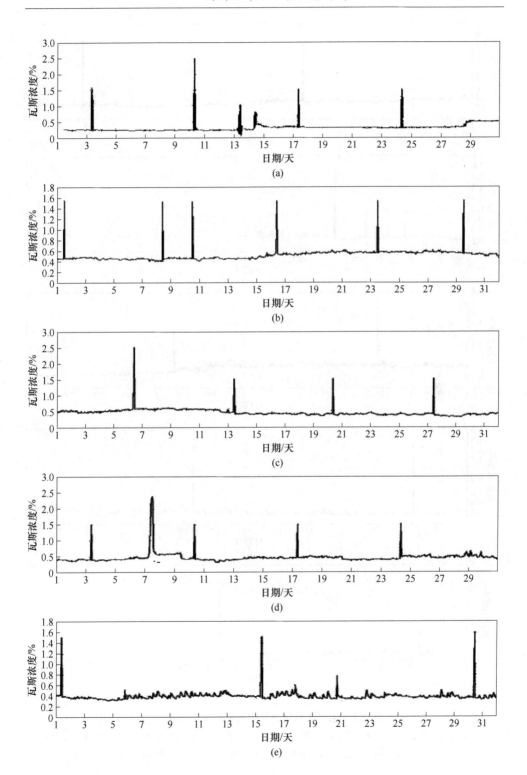

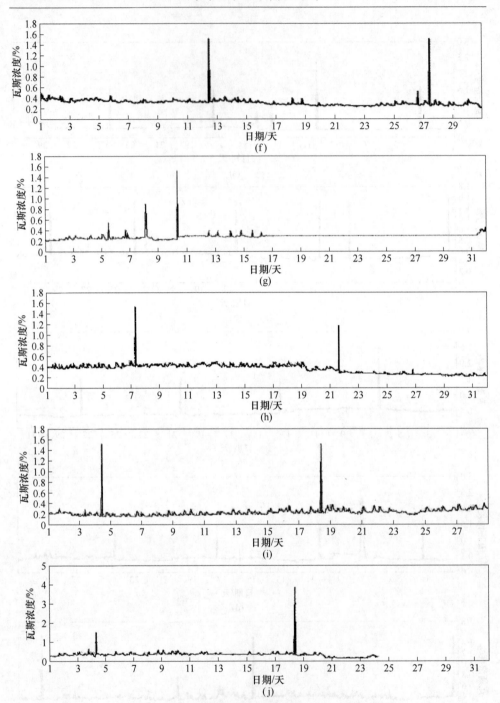

图 2.3　采空区横贯上风侧瓦斯浓度数据曲线图

（a）第 1 个月；（b）第 2 个月；（c）第 3 个月；（d）第 4 个月；（e）第 5 个月；（f）第 6 个月；

（g）第 7 个月；（h）第 8 个月；（i）第 9 个月；（j）第 10 个月

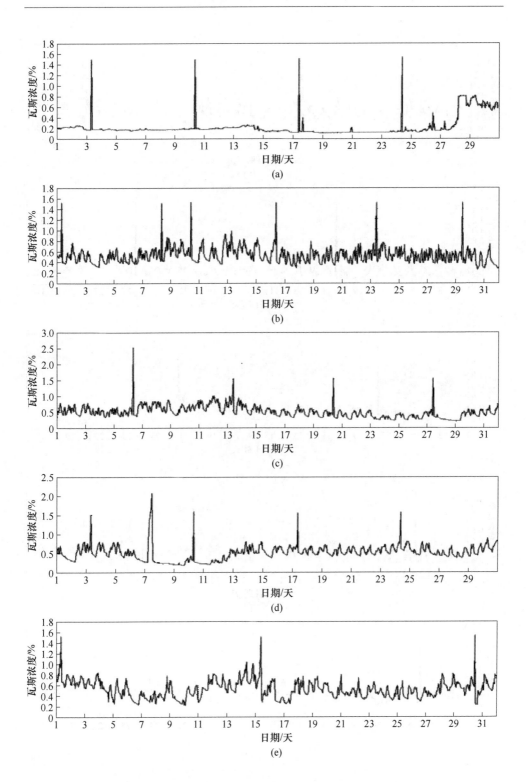

(a)

(b)

(c)

(d)

(e)

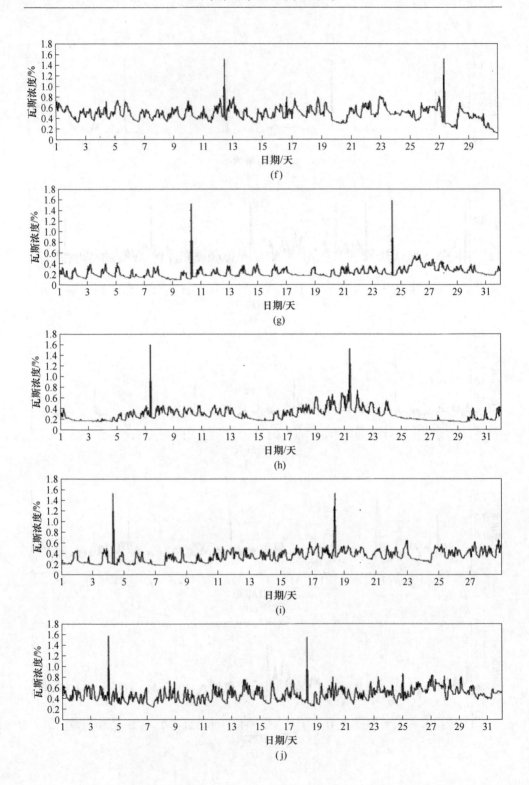

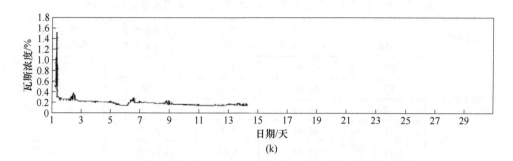

图 2.4 采空区横贯下风侧瓦斯浓度数据曲线图

(a) 第 1 个月；(b) 第 2 个月；(c) 第 3 个月；(d) 第 4 个月；(e) 第 5 个月；
(f) 第 6 个月；(g) 第 7 个月；(h) 第 8 个月；(i) 第 9 个月；(j) 第 10 个月；
(k) 第 11 个月

侧巷道风量为 2500m³/min，采空区横贯下风侧巷道风量为 2650m³/min。根据上述资料可以获得尾巷风排瓦斯量，如表 2.6 所示。由于上风侧瓦斯浓度测量处的工程率先完成，传感器被拆除，因此上风侧瓦斯浓度记录了 10 个月，下风侧瓦斯浓度记录了 11 个月。

表 2.6 尾巷风排瓦斯量

观测时间	横贯上风侧瓦斯浓度/%	横贯下风侧瓦斯浓度/%	尾巷风排瓦斯量/m³·min⁻¹
第 1 个月	0.50	0.80	7.00
第 2 个月	0.55	0.95	9.45
第 3 个月	0.60	1.00	9.40
第 4 个月	0.60	0.88	6.40
第 5 个月	0.60	1.05	10.65
第 6 个月	0.45	0.80	8.30
第 7 个月	0.40	0.55	3.35
第 8 个月	0.50	0.75	5.75
第 9 个月	0.40	0.65	5.85
第 10 个月	0.60	0.85	5.65

2.3.3.3 煤层瓦斯抽采量

15101 采煤工作面的本煤层瓦斯抽采量如表 2.7、表 2.8 所示。

表 2.7　15101 采煤工作面进风顺槽本煤层瓦斯抽采量观测记录汇总表

观测时间	抽采负压/kPa	混合量/m³·min⁻¹	瓦斯浓度/%	抽采瓦斯纯量/m³·min⁻¹	月度平均值/m³·min⁻¹
第1个月	17	65.46	3.1	2.03	2.23
	17	65.46	3.1	2.03	
	17	65.46	3.7	2.42	
	17	65.46	3.7	2.42	
第2个月	17	65.49	3.66	2.40	2.24
	17	65.49	3.22	2.11	
	17	65.49	3.66	2.40	
	17	65.49	3.6	2.36	
	17	65.49	3.4	2.23	
	17	65.49	3.4	2.23	
	17	65.49	3.2	2.10	
	17	65.49	3.2	2.10	
	17	65.49	3.4	2.23	
	17	65.49	3.4	2.23	
第3个月	17	65.49	3.3	2.16	1.88
	21	66.76	3.3	2.20	
	21	64.14	3.2	2.05	
	21	61.41	3.3	2.03	
	22	53.98	3.6	1.94	
	22	53.98	3.56	1.92	
	21	55.54	3.1	1.72	
	21	58.55	3.1	1.82	
	22	53.98	3	1.62	
	22	53.98	3	1.62	
	23	53.98	2.86	1.54	
第4个月	23	53.98	2.8	1.51	1.55
	23	53.98	2.8	1.51	
	20	55.54	3.5	1.94	
	21	53.98	3.54	1.91	
	23	47.2	3	1.42	
	23	47.2	2.8	1.32	
	23	47.2	3.1	1.46	

观测时间	抽采负压 /kPa	混合量 /m³·min⁻¹	瓦斯浓度 /%	抽采瓦斯纯量 /m³·min⁻¹	月度平均值 /m³·min⁻¹
第4个月	23	50.7	2.9	1.47	1.55
	23	47.2	3	1.42	
第5个月	24	47.2	2.9	1.37	1.28
	24	47.2	2.8	1.32	
	25	47.2	3.3	1.56	
	24	41.4	2.9	1.20	
	24	41.4	2.8	1.16	
	24	41.4	3	1.24	
	24	41.4	3.2	1.32	
	24	39.28	2.94	1.15	
	24	39.28	3.46	1.36	
	24	41.4	2.66	1.10	
第6个月	25	39.03	2.44	0.95	0.80
	25	37.03	2.32	0.86	
	25	37.03	2.16	0.80	
	23	32.07	2.38	0.76	
	23	32.07	2.12	0.68	
	17	30.7	3	0.92	
	19	34.64	2.48	0.86	
	21	33.38	2.4	0.80	
	20	33.38	2.4	0.80	
	23	23.42	2.5	0.59	
第7个月	20	17.07	2.7	0.46	0.31
	20	17.07	2.7	0.46	
	20	17.07	2	0.34	
	21	17.07	1.76	0.30	
	22	17.07	1.64	0.28	
	22	17.07	1.76	0.30	
	21	17.07	1.76	0.30	
	22	16.56	1.34	0.22	
	21	16.56	1.46	0.24	
	21	16.56	1.46	0.24	

续表2.7

观测时间	抽采负压 /kPa	混合量 /m³·min⁻¹	瓦斯浓度 /%	抽采瓦斯纯量 /m³·min⁻¹	月度平均值 /m³·min⁻¹
第8个月	21	16.56	1.64	0.27	0.22
	19	14.34	1.66	0.24	
	21	14.34	1.66	0.24	
	21	14.34	0.98	0.14	
	21	14.34	0.98	0.14	
	21	13.09	0.92	0.12	
	21	12.42	1.6	0.20	
	21	12.42	1.6	0.20	
	21	10.95	2.74	0.30	
	21	10.95	2.46	0.27	
	21	12.42	2.86	0.36	
第9个月	15	10.14	2	0.20	0.18
	14	10.14	2.07	0.21	
	14	10.14	1.98	0.20	
	14	10.14	1.97	0.20	
	19	10.14	1.6	0.16	
	19	10.14	1.6	0.16	
	17	10.14	1.6	0.16	
	21	9.26	1.6	0.15	
	21	9.26	1.7	0.16	
第10个月	19	9.26	1.6	0.15	0.15

表2.8　15101采煤工作面回风顺槽本煤层瓦斯抽采量观测记录汇总表

观测时间	抽采负压 /kPa	混合量 /m³·min⁻¹	瓦斯浓度 /%	抽采瓦斯纯量 /m³·min⁻¹	月度平均值 /m³·min⁻¹
第1个月	17	77.45	3.60	2.79	2.77
	17	77.45	3.30	2.56	
	17	77.45	3.70	2.87	
	17	77.45	3.70	2.87	
第2个月	17	77.45	3.38	2.62	2.86
	17	77.45	3.86	2.99	
	17	77.45	3.30	2.56	

观测时间	抽采负压/kPa	混合量/m³·min⁻¹	瓦斯浓度/%	抽采瓦斯纯量/m³·min⁻¹	月度平均值/m³·min⁻¹
	17	77.45	3.40	2.63	
	17	77.45	3.90	3.02	
	17	77.45	3.90	3.02	
第2个月	17	77.45	3.74	2.90	2.86
	17	77.45	3.74	2.90	
	17	77.45	3.87	3.00	
	17	77.45	3.87	3.00	
	17	77.45	3.80	2.94	
	21	74.71	3.40	2.54	
	21	66.76	3.30	2.20	
	20	61.4	3.50	2.15	
	22	69.28	3.12	2.16	
第3个月	22	69.28	3.04	2.11	2.30
	21	69.28	3.40	2.36	
	21	66.76	3.40	2.27	
	22	62.79	3.50	2.20	
	22	62.79	3.50	2.20	
	22	62.79	3.40	2.13	
	23	62.79	3.40	2.13	
	22	62.79	3.60	2.26	
	20	66.75	3.86	2.58	
	21	62.79	4.00	2.51	
第4个月	23	61.41	3.66	2.25	2.32
	23	61.41	3.58	2.20	
	23	61.41	3.78	2.32	
	23	65.46	3.60	2.36	
	23	61.41	3.76	2.31	
	24	61.41	3.66	2.25	
	24	61.41	3.58	2.20	
第5个月	25	61.41	3.98	2.44	1.92
	24	48.99	3.59	1.76	
	24	48.99	3.45	1.69	

观测时间	抽采负压 /kPa	混合量 /m³·min⁻¹	瓦斯浓度 /%	抽采瓦斯纯量 /m³·min⁻¹	月度平均值 /m³·min⁻¹
第5个月	24	48.99	3.67	1.80	1.92
	24	48.99	3.78	1.85	
	24	50.7	3.59	1.82	
	24	50.7	3.96	2.01	
	24	48.99	2.90	1.42	
第6个月	25	47.2	3.64	1.72	1.18
	25	47.2	3.50	1.65	
	25	47.2	3.40	1.60	
	23	43.42	2.90	1.26	
	23	43.42	2.72	1.18	
	17	29.85	2.80	0.84	
	19	37.03	2.48	0.92	
	21	35.85	2.72	0.98	
	20	35.85	2.70	0.97	
	22	28.08	2.40	0.67	
第7个月	20	21.9	2.74	0.60	0.46
	20	21.9	2.74	0.60	
	20	21.9	2.18	0.48	
	21	21.9	1.96	0.43	
	22	21.9	1.92	0.42	
	22	21.9	2.00	0.44	
	21	21.9	2.04	0.45	
	22	18.51	1.89	0.35	
	21	18.51	2.16	0.40	
	21	18.51	2.16	0.40	
第8个月	21	18.97	2.20	0.42	0.26
	18	13.09	1.54	0.20	
	21	13.09	1.54	0.20	
	21	13.09	1.14	0.15	
	21	12.42	0.98	0.12	
	21	12.42	1.62	0.20	
	21	12.42	1.62	0.20	

观测时间	抽采负压/kPa	混合量/m³·min⁻¹	瓦斯浓度/%	抽采瓦斯纯量/m³·min⁻¹	月度平均值/m³·min⁻¹
第8个月	21	11.71	2.72	0.32	0.26
	21	11.71	2.56	0.30	
	21	13.09	2.84	0.37	
	21	13.09	2.84	0.37	
第9个月	14	10.95	2.28	0.25	0.19
	14	10.95	2.02	0.22	
	14	10.95	2.02	0.22	
	14	10.95	2.02	0.22	
	19	10.95	1.90	0.21	
	19	10.95	1.50	0.16	
	17	10.95	1.40	0.15	
	21	10.14	1.50	0.15	
	21	10.14	1.40	0.14	
第10个月	18	10.14	1.40	0.14	0.08
	20	10.14	1.60	0.16	
	20	8.28	0.60	0.05	
	20	8.28	0.60	0.05	
	21	8.28	0.40	0.03	
	20	8.28	0.40	0.03	

2.3.3.4 邻近层瓦斯抽采量

15101采煤工作面邻近层的煤层瓦斯抽采量如表2.9所示。

表2.9 15101采煤工作面邻近层的煤层瓦斯抽采量观测记录汇总表

观测时间	负压/Pa	瓦斯浓度/%	混合瓦斯量/m³·min⁻¹	纯瓦斯量/m³·min⁻¹
第1个月	5730	0.58	117.80	0.68
	5750	0.58	117.80	0.68
	6750	3.80	128.00	4.86
第2个月	6750	5.21	132.80	6.92
	6750	5.45	132.80	7.24
	6750	5.47	132.80	7.26
	6750	5.66	132.80	7.52

观测时间	负压/Pa	瓦斯浓度/%	混合瓦斯量/m³·min⁻¹	纯瓦斯量/m³·min⁻¹
第2个月	6750	6.87	132.80	9.12
	6750	7.85	132.80	10.42
	6750	8.01	132.80	10.64
	6750	7.85	132.80	10.42
	6750	8.24	132.80	10.94
	6750	8.24	132.80	10.94
第3个月	6750	8.24	132.80	10.94
	4960	8.70	132.90	11.60
	4940	10.00	111.17	11.12
	4600	11.60	111.17	12.90
	8200	11.14	142.05	15.82
	10200	11.98	177.56	21.27
	10100	11.90	177.56	21.13
	10120	10.70	177.56	19.00
	7100	10.83	150.67	16.32
	7300	9.04	150.67	13.62
	7200	9.17	150.67	13.82
第4个月	8400	9.70	150.67	13.82
	11000	10.70	173.97	18.62
	10000	9.20	166.57	15.32
	9700	10.03	154.80	15.53
	9700	9.62	150.67	14.50
	7300	9.98	128.04	12.78
	7300	10.09	128.04	12.92
	7100	10.09	128.04	12.92
	7300	9.69	123.02	11.92
第5个月	9700	9.83	150.67	14.81
	9700	9.83	150.67	14.81
	11000	9.90	154.79	15.32
	10000	9.97	137.54	13.71
	11100	8.90	158.82	14.13
	10000	8.60	137.54	11.83

观测时间	负压/Pa	瓦斯浓度/%	混合瓦斯量/m³·min⁻¹	纯瓦斯量/m³·min⁻¹
第5个月	10000	8.52	137.54	11.72
	7700	8.85	117.78	10.42
	7700	9.18	117.78	10.81
	7700	9.58	117.78	11.28
第6个月	8400	10.08	112.30	11.32
	8400	10.53	112.30	11.83
	8400	10.35	112.30	11.62
	10000	9.85	123.02	12.12
	10000	9.77	123.02	12.02
	10000	9.92	123.02	12.20
	10200	10.05	123.02	12.36
	10200	10.06	123.02	12.38
	7200	9.82	106.54	10.46
	6700	10.30	117.78	12.13
第7个月	6700	10.19	117.78	12.00
	6700	10.72	117.78	12.62
	6700	10.72	117.78	12.62
	9800	10.92	117.78	12.86
	7000	10.63	117.78	12.52
	7000	10.81	117.78	12.73
	7000	10.81	117.78	12.73
	7200	10.82	117.78	12.74
	7400	11.24	109.46	12.30
	7400	11.60	109.46	12.70
第8个月	7500	11.25	112.30	12.63
	7800	11.15	106.54	11.88
	7800	11.53	106.54	12.28
	7800	11.26	106.54	12.00
	7800	12.06	100.44	12.11
	9100	12.09	106.54	12.88
	7100	12.09	106.54	12.88
	7300	12.12	97.90	11.87
	7300	12.22	97.90	11.96

观测时间	负压/Pa	瓦斯浓度/%	混合瓦斯量/m³·min⁻¹	纯瓦斯量/m³·min⁻¹
第 8 个月	7300	11.38	102.90	11.71
	5400	11.80	100.40	11.85
第 9 个月	5400	11.93	100.40	11.98
	5400	12.03	100.40	12.08
	5400	12.03	100.40	12.08
	5400	12.03	100.40	12.08
	5400	12.20	100.44	12.25
	6400	12.17	100.40	12.22
	5600	11.9	107.71	12.82
	7100	11.9	107.71	12.82
	7100	12.00	107.71	12.93
第 10 个月	7100	12.00	107.71	12.93
	7100	12.10	107.71	13.03
	7100	12.10	107.71	13.03
	7100	12.20	107.71	13.14
	7100	11.80	107.71	12.71
	6800	11.80	107.71	12.71
	7100	11.90	107.81	12.83
	7100	11.80	107.81	12.72
	7100	10.80	102.92	11.12
	7000	8.90	100.44	8.94
	7900	8.90	100.44	8.94
第 11 个月	6400	8.80	90.62	7.97
	6400	7.80	90.62	7.07
	4400	7.40	90.62	6.71
	4400	7.20	96.69	6.96
	4400	7.20	96.69	6.96
	4500	6.90	80.27	5.54
	4500	6.10	81.00	4.94

2.3.3.5　15101 采煤工作面瓦斯涌出量、抽采量

2.3.3.1～2.3.3.4 小节分别统计出 15101 采煤工作面开采期间的风排瓦斯量

（包括回风顺槽、尾巷）、邻近层瓦斯抽采量、本煤层瓦斯抽采量（包括进风顺槽、回风顺槽）、工作面瓦斯涌出量和工作面瓦斯抽采率数据，如表 2.10 所示。根据该表绘制出 15101 采煤工作面瓦斯涌出量、抽采量数据观测统计曲线图，如图 2.5 所示。

表 2.10 15101 采煤工作面瓦斯涌出量、抽采量数据观测统计表

观测时间	回风风排瓦斯量 /m³·min⁻¹	尾巷风排瓦斯量 /m³·min⁻¹	邻近层瓦斯抽采量 /m³·min⁻¹	本煤层瓦斯抽采量 /m³·min⁻¹	工作面瓦斯涌出量 /m³·min⁻¹	工作面瓦斯抽采率 /%
第 1 个月	23.20	7.00	4.86	5.00	40.06	24.61
第 2 个月	26.10	9.45	10.94	5.10	51.59	31.09
第 3 个月	29.00	9.40	21.27	4.18	63.85	39.86
第 4 个月	24.65	6.40	18.62	3.87	53.54	42.01
第 5 个月	23.20	10.65	15.32	3.20	52.37	35.36
第 6 个月	21.75	8.30	12.38	1.98	44.41	32.34
第 7 个月	11.60	3.35	12.86	0.77	28.58	47.69
第 8 个月	20.30	5.75	12.88	0.48	39.41	33.90
第 9 个月	17.40	5.85	12.93	0.37	36.55	36.39
第 10 个月	23.20	5.65	13.14	0.23	42.22	31.67
平均	22.04	7.18	13.52	2.52	45.26	35.49

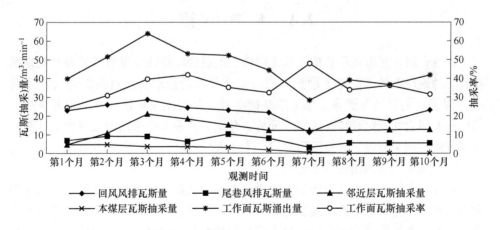

图 2.5 15101 采煤工作面瓦斯涌出量、抽采量数据观测统计曲线图

从图 2.5 中可以获得以下信息：

（1）第 1~10 个月，本煤层瓦斯抽采量呈比较明显的持续递减趋势，与工作面产量的相关性不明显，主要受抽采时间影响。进一步分析本煤层瓦斯抽采量数据及曲线，有助于掌握比较宏观的抽采量衰减规律，对制定月度、年度抽采计划具有一定的指导意义。另外，"本煤层瓦斯抽采量呈比较明显的持续递减趋势，与工作面产量的相关性不明显"的现象，是否可以说明"预抽"占主导地位，"边采边抽"及"本煤层瓦斯卸压抽采"所占比例较小；或者说加强"边采边抽"及"本煤层瓦斯卸压抽采"管理，是否可以减缓瓦斯抽采量的衰减，这些问题均有待于考察。

（2）回风风排瓦斯量、尾巷风排瓦斯量、工作面瓦斯涌出量三种曲线形状相似，均在第 2 个月出现峰值、第 7 个月出现谷值，以上三种曲线与工作面产量的相关性比较明显。

（3）邻近层瓦斯抽采量曲线在第 2 个月达到峰值，第 6 个月趋于稳定，第 7 个月及以后未出现谷值。邻近层瓦斯抽采量曲线与工作面产量的相关性比较明显，但即时性不明显，表现出一定的滞后性或"黏性"，初步判断与走向高抽巷或采空区裂隙带的"水池效应"或"瓦斯库效应"，有待于进一步研究证实。

（4）工作面瓦斯抽采率曲线在第 7 个月出现第二个峰值，而回风风排瓦斯量、尾巷风排瓦斯量、工作面瓦斯涌出量三种曲线形状均在第 7 个月出现谷值。究其原因，在于邻近层瓦斯抽采量未出现明显的减少，前述"黏性"导致其曲线比较平缓。

（5）对照采煤工作面抽采达标要求，只有第 7 个月抽采率指标达到要求。

2.4　本章小结

本章介绍了井田地层结构、地质构造、地层含煤特征、煤岩特征等与瓦斯赋存有关的地质条件。汇总了勘探阶段、生产开发阶段取得的可采煤层（重点是15 号煤层）的瓦斯含量等煤层瓦斯基础参数，并对阳泉矿区及本井田开采煤层邻近层及围岩瓦斯赋存情况进行了分析。介绍了开采历史采用的采煤方法、顶板管理方法、回采巷道布置及通风方式、工作面生产能力、瓦斯治理方法，并对开采历史过程中瓦斯涌出进行了分析。

本章固化保存了以往取得的瓦斯含量等煤层瓦斯基础参数和瓦斯涌出量实测数据，形成了全面、客观、真实的第一手技术资料。本章的工作不仅为今后开发利用这些资料提供了便利条件，也为后续的技术观测记录、分析提供了对比参照对象，使改进瓦斯治理技术、制定瓦斯治理措施等工作建立在科学的理论判断和扎实的实践验证基础上。

本章通过对 15101 采煤工作面回风风排瓦斯量、尾巷风排瓦斯量、邻近层瓦斯抽采量、本煤层瓦斯抽采量、工作面瓦斯涌出量、工作面瓦斯抽采率等 6 项指标的分析，解释了瓦斯涌出与产量关系的一般性规律，也指出了"本煤层瓦斯抽采量衰减""采空区裂隙带的'水池效应'或'瓦斯库效应'""提高抽采率"等有待于进一步研究证实，需要继续完善、加强技术管理措施。

3 采煤工作面瓦斯抽采工程
设计与实施

3.1 本煤层瓦斯抽采工程设计与实施

3.1.1 设计要点及技术要求

15201 采煤工作面走向长 760m，采长为 180m。本煤层瓦斯抽采工程设计要点及技术要求如下：

（1）本煤层瓦斯抽采钻孔采用顺层平行布置方式，分别从进、回风顺槽垂直于巷帮向工作面内钻进，钻孔设计深度为 100m，钻孔直径为 125mm。

（2）布孔范围：停采线至开切眼，走向长度为 760m。

（3）钻孔间距：从停采线起计，0~607m 范围钻孔间距为 3.0m，607~760m 范围钻孔间距为 1.0m。

（4）钻孔高度：距巷道底板 1.7m，单排布置。

（5）钻孔倾角：先根据工作面煤层底板等高线图以及进、回风顺槽、开切眼地质测量资料进行分区段预估，再进行试验钻进。15 号煤层顶底板岩性差别比较明显，比较容易判断钻孔穿顶或钻底，因此如果非地质构造隐伏，一般比较容易确定调整角度。

（6）钻孔总进尺：进、回风顺槽各 350 个孔，进尺共计 70000m；吨煤钻孔进尺指标：0.101m/t。

（7）封孔方法：采用"两堵一注"水泥砂浆封孔。封孔区段、长度及深度：距孔口 8~16m 段注浆；注浆压力：1MPa。

（8）抽采管路及附属装置：15201 进、回风顺槽铺设 φ377mm 瓦斯管路各一趟，钻孔采用 φ50 高压管与瓦斯管连接，每 8~10 个本煤层钻孔设置一组放水器。瓦斯管路安设有接地装置，安设 CJZ7 瓦斯抽放综合参数在线监测装置、喷粉抑爆装置各一套。

3.1.2 工程实施情况

（1）钻孔施工机具采用 ZDY-3200 型钻机。

（2）进风顺槽完成设计孔深 100m 钻孔 273 个，完成深度 90~99m 钻孔 45 个，钻孔深度合格率（90m 以上）为 90.86%。回风顺槽完成设计孔深 100m 钻孔 249 个，完成深度 90 ～ 99m 钻孔 18 个，钻孔深度合格率（90m 以上）为 76.29%。由于不合格钻孔分布区域比较集中，因此形成三处比较大的抽采"盲区"，其中 1000 ～ 1500m² "盲区"两处、300 ～ 500m² "盲区"一处。

（3）为了提高抽采效果，自 15101 采煤工作面开采第 4 个月以后，施工的回风顺槽 1 ～ 288 号钻孔增加了下筛管工艺，筛管采用 KM1.6/32 型聚氯乙烯筛管。15201 采煤工作面钻孔初期收缩、堵孔情况不严重，一般能做到全长下筛管。

3.2 邻近层瓦斯抽采工程设计与实施

3.2.1 邻近层瓦斯抽采方法改进的必要性和可行性

15101 采煤工作面与以往开采工作面的最大区别就是邻近层瓦斯抽采方法的变化和由此带来的工作面通风方式的改变，增加了采空区瓦斯抽采方法。涉及采用高低位倾斜钻孔代替走向高抽巷、利用横贯埋设瓦斯管或钻孔抽采采空区瓦斯、取消专用排瓦斯巷、工作面通风方式改为 U 型四项措施。采煤工作面邻近层瓦斯抽采方法和工作面通风方式改进的必要性和可行性在于：

（1）专用排瓦斯巷瓦斯浓度上限是 2.5%，大于 1%，更接近瓦斯爆炸极限（5% ～ 16%），使瓦斯管理安全系数降低 50%。

（2）虽然以往的《煤矿安全规程》强调采用专用排瓦斯巷时"工作面风流控制必须可靠"，但由于采空区通风阻力的不确定性和周期性渐变性，实践当中做到"及时调节风量、保持基本稳定"则需要很高的管理水平和技术水平。尤其风量调节往往涉及其他采掘作业地点，甚至比较难以实现真正意义上的采掘工作面独立通风。

（3）采煤工作面专用排瓦斯巷的设置，虽然有利于瓦斯治理，但与采空区防灭火工作存在矛盾，协调、平衡瓦斯治理与采空区防灭火之间的关系一直是专用排瓦斯巷推广的技术难点。以往的《煤矿安全规程》即使允许采用专用排瓦斯巷，也设定了"不得在容易自燃和自燃煤层中设置专用排瓦斯巷""不得在专用排瓦斯巷及其辅助性巷道内进行生产作业和设置电气设备"等严格限制。2016 年版《煤矿安全规程》实施后，专用排瓦斯巷被列为重点整治的安全隐患。

（4）走向高抽巷施工需要独立的运输系统、通风系统。为了施工走向高抽巷，必须布置两条贯穿整个采区的准备巷道，即高抽运输巷和高抽回风巷。本矿井开采初期就布置有高抽运输巷、高抽回风巷及走向高抽巷（以下统称抽采巷道）。抽采巷道均为岩石巷道，存在如下缺点：

1）本矿井除抽采巷道外，其余巷道均沿煤层布置。施工抽采巷道，矿井必须单独建立排矸系统，使矿井的生产系统、运输系统复杂化，不利于矿井简化管理和提高效益。

2）走向高抽巷抽采成本远大于倾斜钻孔抽采成本。表 3.1 以 15201 采煤工作面为例，对采用走向高抽巷抽采方法和倾斜钻孔抽采方法所需成本进行了测算。

表 3.1　抽采成本测算对比表

抽采方法	成本项目	规格	单价	工程量	折旧系数	成本/万元
走向高抽巷	（1）高抽运输巷	4.0×3.0m	11456 元/m	180m	1	206.21
	（2）高抽回风巷	3.2×2.8m	8854 元/m	180m	1	159.37
	（3）走向高抽巷	2.4×2.2m	3284 元/m	800m	1	262.72
	（4）后高抽	2.0×2.0m	3284 元/m	70m	1	22.99
	（5）手动蝶阀	DN600	5000 元/件	1 件	1	0.50
	（6）螺旋瓦斯管	DN600	1500 元/m	180m	1	27.00
	合计					678.79
倾斜钻孔	（1）钻孔	ϕ200mm	330 元/m	4750m	1	156.75
	（2）护孔管	ϕ140mm	100 元/m	4750m	1	47.50
	（3）埋线管	ϕ152.4mm	100 元/m	360m	0.5	1.80
	（4）螺旋瓦斯管	DN600	1500 元/m	180m	1	27.00
	（5）螺旋瓦斯管	DN500	1200 元/m	950m	0.3	34.20
	（6）手动蝶阀	DN150	100 元/件	9 件	0.5	0.05
	（7）喷粉抑爆装置	ZYBG	50500 元/套	1 套	0.5	2.53
	（8）自动排渣放水器	HCWF-SQ	4000 元/套	10 套	0.8	3.20
	（9）其他配件		100000 元/套	1 套	0.8	8.00
	（10）管路安装、拆除		130000 元/项	1 项	1	13.00
	合计					294.02

3）走向高抽巷施工速度慢，影响采掘正常衔接。以 15103 采煤工作面为例，原计划于 9 月 24 日完成采煤设备安装，但由于走向高抽巷，工期延误到 10 月 12 日，导致工作面投产时间推迟 18 天。15102 采煤工作面影响衔接情况更为严重，2015 年 5 月 31 日完成采煤设备安装，而走向高抽巷工期延误到 2015 年 7 月 17 日，导致工作面投产时间推迟 47 天。

（5）根据阳泉五矿 8108 采煤工作面 ϕ200mm 钻孔抽采试验取得的经验，ϕ200mm 钻孔单独抽采最大量达到 31.60m³/min，平均为 20m³/min；抽采服务范围达到 100~186m。由 15101 采煤工作面瓦斯涌出量、抽采量数据观测统计表可知，15101 走向高抽巷邻近层瓦斯抽采量为 4.86~21.27m³/min，平均为 13.52m³/min。因此，矿井采用高低位钻孔代替走向高抽巷是可行性。

（6）国内外抽采采空区瓦斯的方法大致有密闭抽放法、插管法、井下钻孔法、地面钻孔法等 4 类，本书利用的采空区横贯埋设瓦斯管抽采瓦斯的方法，是一种介于密闭抽放法、插管法之间的新方法，适用于生产工作面又避免了插管法的材料投入和管理难度，尤其适合于原来采用"U+L"型通风系统的采煤工作面。

（7）本书还计划在前述横贯附近施工若干试验孔，目的是与前述横贯埋管方法进行效果比对，探索进一步采用钻孔代替横贯埋管的可行性。同时，这些试验孔与横贯埋管在本次抽采方法改进试验中具有互为补充、互为加强的作用。

3.2.2 设计要点

（1）采煤工作面采用"U"型通风方式，原专用排瓦斯巷改为专用抽采瓦斯巷，全长铺设 ϕ530mm 抽采管路。

（2）在15202进风顺槽（专用抽采瓦斯巷）各横贯口预埋 ϕ530mm 管路抽采采空区瓦斯。

（3）在15202进风顺槽中，15201工作面开切眼以里10~18m范围向工作面内布置8个后高抽钻孔，开切眼以外0~40m范围向工作面内布置5对高低位初采钻孔，用于解决工作面初采期间瓦斯。

（4）沿15202进风顺槽，从开切眼以外40m到停采线之间向工作面内布置39个高位钻孔，1~27号孔间距15m，27~39号孔间距25m。

（5）在15202进风顺槽第五~九横贯附近施工5组试验孔，每组6个间距3m，孔深20m，角度+15°，终孔位置在15201回风顺槽顶部灰岩与泥岩结合处，孔深20m左右。

（6）抽采管路及附属装置：15202进顺槽铺设 ϕ530mm 瓦斯管路一趟，采用埋线管与钻孔、横贯连接，每个钻孔、横贯设置一组放水器。瓦斯管路安设有接地装置，安设CJZ7瓦斯抽放综合参数在线监测装置、喷粉抑爆装置各一套。

3.2.3 技术要求

（1）高位孔终孔于11号煤（裂隙带），低位孔、后高抽钻孔均终孔于8倍采高（冒落带）以上。三类钻孔均不得穿越冒落区，开孔倾角根据布孔地点煤层倾角计算确定。

（2）所有钻孔孔径均为 ϕ200mm，采用二次成孔工艺，开孔采用 ϕ133mm 钻头，扩孔采用 ϕ198mm 钻头。

（3）除试验孔外，所有钻孔全长下筛管，筛管规格为 PE-KM1.0/140（MPE80）。试验孔煤层段下 ϕ140mm 钢套管，穿过煤层后下筛管，筛管规格同前。

（4）所有钻孔封孔均采用聚氨酯、水泥注浆"两堵一注"工艺，封孔长度为6m。

（5）抽采负压10000～18000Pa，横贯阀门、试验孔阀门开启抽采采空区瓦斯时取高值，以保证高位孔、低位孔及后高抽钻孔足够负压。

（6）抽采控制：打开后高抽钻孔、开切眼横贯阀门→割煤推进→依次打开进入工作面采空区区域的初采钻孔（高、低位钻孔）阀门、高位孔阀门→回风隅角瓦斯浓度接近报警值（0.8%）时打开试验孔阀门（尽量少开，以控制瓦斯浓度为原则；试验孔全开仍然不能控制瓦斯浓度再开横贯阀门）→随着推进，关闭距离工作面大于100m的阀门。

3.2.4　工程实施情况

（1）钻孔施工机具采用ZDY-3200型钻机，配套BW250型泥浆泵排渣。

（2）完成钻孔88个，其中高位孔45个、低位孔5个、后高抽孔8个、试验孔（穿煤孔）30个；完成进尺4741m，其中高位孔3234m、低位孔299m、后高抽孔608m、试验孔（穿煤孔）600m。表3.2所示为15201工作面邻近层钻孔（倾斜孔）竣工验收台账摘录表；表3.3所示为15201工作面邻近层钻孔（试验孔）竣工验收台账摘录表。

表3.2　15201工作面邻近层钻孔（倾斜孔）竣工验收台账摘录表

孔号	设计角度		设计孔深 /m	实际角度		实际孔深 /m	验收人
	方位角/(°)	倾角/(°)		方位角/(°)	倾角/(°)		
GJ12	0	+48.5	84	0	+48.5	84	王某
GJ11	0	+50	65	0	+48.5	77	张某某
GJ10	0	+50	65	0	+48.5	76	王　某
GJ9	0	+50.2	65	0	+48.5	76	刘某某
GJ8	0	+50	65	0	+48.5	75	范某某
GJ7	0	+50	65	0	+48.5	79	乔某某
GJ6	0	+50.2	65	0	+49	69	王某某
GJ5	0	+51	64	0	+48.5	79	范某某
GJ4	0	+51	64	0	+48.5	73	刘某某
GJ3	0	+51	64	0	+48.5	70	乔某某
GJ2	0	+51	64	0	+48.5	69	王　某
GJ1	0	+51	64	0	+48.5	76	刘某某
G1	0	+51	64	0	+48.5	75	王某某
G2	0	+49	66	0	+48.5	74	王　某

续表 3.2

孔号	设计角度		设计孔深 /m	实际角度		实际孔深 /m	验收人
	方位角/(°)	倾角/(°)		方位角/(°)	倾角/(°)		
G3	0	+48.7	67	0	+48.5	75	王某某
G4	0	+48.7	67	0	+48.5	72	乔某某
G5	0	+47.8	67	0	+48.5	75	刘某某
G6	0	+47.8	67	0	+48.5	80	乔某某
G7	0	+47.6	68	0	+48.5	77	王 某
G8	0	+46.3	69	0	+48.5	72	乔某某
G9	0	+48.7	67	0	+48	80	乔某某
G10	0	+44.9	71	0	+49	67	王 某
G11	0	+44.9	71	0	+50	64	范某某
G12	0	+46.3	69	0	+50	66	王某某
G13	0	+41.1	76	0	+50	69	乔某某
G14	0	+41.1	76	0	+50.5	66	王 某
G15	0	+46.7	69	0	+50.5	69	乔某某
G16	0	+46.7	69	0	+52	63	乔某某
G17	0	+46.3	69	0	+51	75	刘某某
G18	0	+53	63	0	+50	85	刘某某
G19	0	+52.8	63	0	+50	70	王某某
G20	0	+51.8	64	0	+50	70	王某某
G21	0	+50.9	64	0	+48	81	范某某
G22	0	+52.8	63	0	+48	74	王 某
G23	0	+52.3	63	0	+48	76	刘某某
G24	0	+52.4	63	0	+48	74	刘某某
G25	0	+52.4	63	0	+46.5	81	乔某某
G26	0	+54.4	61	0	+47	70	范某某
G27	0	+45.5	70	0	+41.5	83	乔某某
G27-1	0	+45.5	70	0	+48.5	72	高某某
G28	0	+45	57	0	+45	57	张某某

孔号	设计角度		设计孔深/m	实际角度		实际孔深/m	验收人
	方位角/(°)	倾角/(°)		方位角/(°)	倾角/(°)		
D28	0	+41	87	0	+41	87	王　某
G29	0	+45	57	0	+45	57	王　某
D29	0	+41	53	0	+41	53	平某某
G30	0	+45.5	56	0	+45.5	56	刘某某
D30	0	+41.5	53	0	+41.5	53	乔某某
G31	0	+41.5	53	0	+41.5	53	乔某某
D31	0	+37	53	0	+37	53	乔某某
G32	0	+38.5	53	0	+38.5	53	刘某某
D32	0	+34	53	0	+34	53	王某某
HGC1	42.8	+40	80	42.8	+40	80	王某某
HGC2	43.2	+37	77	43.2	+37	77	乔某某
HGC3	42.5	+36.5	77	42.5	+36.5	77	刘某某
HGC4	41.8	+37	76	41.8	+37	76	刘某某
HGC5	41.1	+38	75	41.1	+38	75	王某某
HGC6	40.4	+37.5	75	40.4	+37.5	75	王某某
HGC7	39.7	+38.5	74	39.7	+38.5	74	王　某
HGC8	38.9	+37.5	74	38.9	+37.5	74	王　某

表3.3　15201工作面邻近层钻孔（试验孔）竣工验收台账摘录表

孔号	设计角度		设计孔深/m	实际角度		实际孔深/m	验收人
	方位角/(°)	倾角/(°)		方位角/(°)	倾角/(°)		
S5-1	0	+12	20	0	+12	20	刘某某
S5-2	0	+12	20	0	+12	20	平某某
S5-3	0	+12	20	0	+12	20	王某某
S5-4	0	+12	20	0	+12	20	王　某
S5-5	0	+12	20	0	+12	20	张某某
S5-6	0	+12	20	0	+12	20	刘某某
S6-1	0	+12	20	0	+12	20	刘某某
S6-2	0	+12	20	0	+12	20	王某某

孔号	设计角度		设计孔深/m	实际角度		实际孔深/m	验收人
	方位角/(°)	倾角/(°)		方位角/(°)	倾角/(°)		
S6-3	0	+12	20	0	+12	20	王某某
S6-4	0	+12	20	0	+12	20	刘某某
S6-5	0	+12	20	0	+12	20	刘某某
S6-6	0	+12	20	0	+12	20	王某某
S7-1	0	+12	20	0	+12	20	王某某
S7-2	0	+12	20	0	+12	20	王某
S7-3	0	+12	20	0	+12	20	王某某
S7-4	0	+12	20	0	+12	20	刘某某
S7-5	0	+12	20	0	+12	20	刘某某
S7-6	0	+12	20	0	+12	20	王某某
S8-1	0	+12	20	0	+12	20	王某某
S8-2	0	+12	20	0	+12	20	平某某
S8-3	0	+12	20	0	+12	20	范某某
S8-4	0	+12	20	0	+12	20	王某某
S8-5	0	+12	20	0	+12	20	王某某
S8-6	0	+12	20	0	+12	20	平某某
S9-1	0	+12	20	0	+12	20	王某某
S9-2	0	+12	20	0	+12	20	乔某某
S9-3	0	+12	20	0	+12	20	张某某
S9-4	0	+12	20	0	+12	20	范某某
S9-5	0	+12	20	0	+12	20	范某某
S9-6	0	+12	20	0	+12	20	范某某

3.3　本章小结

本章介绍了15201采煤工作面本煤层瓦斯抽采工程设计与实施情况，论述了邻近层瓦斯抽采方法改进的必要性和可行性，重点介绍了邻近层瓦斯抽采方法的设计要点和技术要求。

4 U 型通风采煤工作面瓦斯治理效果观测及数据统计

4.1 本煤层瓦斯抽采治理效果观测及数据统计

15201 采煤工作面进风顺槽本煤层瓦斯抽采观测数据如表 4.1 所示，15201 采煤工作面回风顺槽本煤层瓦斯抽采观测数据如表 4.2 所示，15201 采煤工作面本煤层瓦斯抽采观测记录汇总结果如表 4.3 所示。15101 采煤工作面于某年 6 月开始开采，关于 15201 采煤工作面的记录起始于同年 11 月。以 15101 采煤工作面开采时间为参照，对 15201 采煤工作面的观测时间起始为第 6 个月。

表 4.1 15201 采煤工作面进风顺槽本煤层瓦斯抽采观测记录汇总表

观测时间	抽采负压 /kPa	混合量 /m³ · min⁻¹	瓦斯浓度 /%	抽采瓦斯纯量 /m³ · min⁻¹	月度平均值 /m³ · min⁻¹
第 6 个月	19	50.70	4.58	2.32	2.05
	20	43.42	4.37	1.90	
	19	43.42	4.37	1.90	
	20	48.99	4.20	2.06	
第 7 个月	20	38.17	5.19	1.98	1.98
	20	43.42	4.56	1.98	
	20	43.42	4.66	2.02	
	21	43.42	4.56	1.98	
	21	43.42	4.49	1.95	
	21	43.42	4.58	1.99	
	21	43.42	4.58	1.99	
	22	43.42	4.37	1.90	
	21	43.42	4.60	2.00	
	21	43.42	4.60	2.00	
第 8 个月	21	41.40	4.73	1.96	1.91
	18	41.40	4.49	1.86	
	21	41.40	4.56	1.89	

观测时间	抽采负压 /kPa	混合量 /m³·min⁻¹	瓦斯浓度 /%	抽采瓦斯纯量 /m³·min⁻¹	月度平均值 /m³·min⁻¹
第8个月	21	41.40	4.56	1.89	1.91
	21	29.85	6.30	1.88	
	21	34.67	5.77	2.00	
	21	34.63	5.77	2.00	
	21	43.42	4.08	1.77	
	21	43.42	4.08	1.77	
	21	47.20	4.32	2.04	
	15	43.42	4.50	1.95	
第9个月	14	43.42	4.50	1.95	2.00
	14	50.70	3.90	1.98	
	14	50.70	4.02	2.04	
	14	50.70	4.02	2.04	
	19	50.70	3.50	1.77	
	19	37.03	3.50	1.30	
	17	39.28	3.40	1.34	
	21	29.27	9.50	2.78	
	21	34.04	8.20	2.79	
第10个月	18	32.07	8.60	2.76	2.95
	20	50.70	6.70	3.40	
	20	50.70	5.80	2.94	
	20	50.70	5.90	2.99	
	21	50.70	5.80	2.94	
	20	50.70	5.80	2.94	
	20	50.70	5.60	2.84	
	26	50.70	5.80	2.94	
	19	52.36	5.50	2.88	
	19	52.37	5.60	2.93	
	19	52.37	5.50	2.88	
第11个月	17	52.37	5.50	2.88	1.83
	17	52.37	5.50	2.88	
	17	47.20	3.10	1.46	
	18	47.20	3.10	1.46	

观测时间	抽采负压 /kPa	混合量 /m³·min⁻¹	瓦斯浓度 /%	抽采瓦斯纯量 /m³·min⁻¹	月度平均值 /m³·min⁻¹
第 11 个月	18	47.20	3.10	1.46	1.83
	16	50.70	3.00	1.52	
	18	50.70	3.00	1.52	
	18	50.70	3.00	1.52	
	19	52.40	3.30	1.73	
第 12 个月	19	45.40	3.00	1.36	2.01
	22	58.50	4.20	2.46	
	22	61.40	4.20	2.58	
	22	61.40	3.40	2.09	
	22	61.40	3.30	2.03	
	22	62.80	3.20	2.01	
	22	62.80	3.30	2.07	
	22	62.80	3.10	1.95	
	22	62.80	3.10	1.95	
	22	49.00	3.20	1.57	
第 13 个月	19	49.00	3.20	1.57	2.35
	19	49.00	3.20	1.57	
	15	69.28	4.10	2.84	
	17	65.46	3.60	2.36	
	17	65.46	3.90	2.55	
	16	64.14	4.10	2.63	
	16	64.14	3.90	2.50	
	16	64.14	4.10	2.63	
	16	48.99	4.90	2.40	
	15	66.76	3.70	2.47	
第 14 个月	14	82.80	1.50	1.24	0.79
	14	81.76	1.40	1.14	
	20	96.20	1.20	1.15	
	20	96.20	1.20	1.15	
	14	91.64	1.10	1.01	
	14	91.64	0.90	0.82	
	20	87.82	0.90	0.79	

观测时间	抽采负压 /kPa	混合量 /m³·min⁻¹	瓦斯浓度 /%	抽采瓦斯纯量 /m³·min⁻¹	月度平均值 /m³·min⁻¹
第14个月	14	90.70	0.90	0.82	0.79
	7	29.27	0.80	0.23	
	7	29.27	0.60	0.18	
	4	18.51	0.80	0.15	

表4.2 15201 采煤工作面回风顺槽本煤层瓦斯抽采观测记录汇总表

观测时间	抽采负压 /kPa	混合量 /m³·min⁻¹	瓦斯浓度 /%	抽采瓦斯纯量 /m³·min⁻¹	月度平均值 /m³·min⁻¹
第9个月	19	32.07	7.40	2.37	2.89
	17	29.27	12.00	3.51	
	21	30.70	9.30	2.86	
	21	32.07	8.80	2.82	
第10个月	18	32.07	8.90	2.85	2.85
第11个月	17	29.30	11.30	3.31	3.51
	18	29.30	11.30	3.31	
	18	29.30	11.30	3.31	
	16	29.30	11.30	3.31	
	18	29.30	11.30	3.31	
	18	29.30	11.80	3.45	
	19	37.00	12.40	4.59	
第12个月	19	34.60	11.20	3.88	4.11
	22	43.40	10.00	4.34	
第13个月	19	41.40	10.20	4.22	3.80
	19	41.40	10.20	4.22	
	16	45.35	8.90	4.04	
	18	42.42	8.50	3.61	
	18	41.40	8.70	3.60	
	18	40.35	8.70	3.51	
	18	40.35	8.60	3.47	
	18	40.35	8.70	3.51	
	18	33.38	12.20	4.07	
	17	43.42	8.70	3.78	

续表 4.2

观测时间	抽采负压 /kPa	混合量 /m³·min⁻¹	瓦斯浓度 /%	抽采瓦斯纯量 /m³·min⁻¹	月度平均值 /m³·min⁻¹
第 14 个月	17	30.70	11.20	3.44	3.02
	17	30.70	11.40	3.50	
	23	30.70	12.80	3.93	
	23	30.70	12.80	3.93	
	17	29.27	11.80	3.45	
	17	29.27	9.40	2.75	
	23	27.77	9.40	2.61	
	17	29.20	9.60	2.81	
	17	28.60	9.20	2.64	
	17	23.40	8.60	2.01	
	13	23.42	9.20	2.15	
第 15 个月	17	22.68	9.50	2.15	2.53
	17	26.18	9.60	2.25	
	21	41.40	7.80	3.23	
	26	38.39	7.60	2.92	
	22	37.49	7.30	2.74	
	17	37.94	6.90	2.62	
	17	38.39	5.70	2.19	
	17	37.71	7.20	2.70	
	17	23.42	7.50	1.76	
	17	32.07	7.20	2.76	
第 16 个月	21	24.14	6.80	1.64	2.05
	22	23.42	7.40	1.73	
	22	26.18	7.60	1.99	
	24	29.85	6.80	2.03	
	24	29.27	7.00	2.05	
	21	28.38	6.40	1.82	
	21	30.42	6.50	1.98	
	23	28.68	7.70	2.21	
	23	28.38	9.40	2.67	
	23	27.77	8.60	2.39	

观测时间	抽采负压 /kPa	混合量 /m³·min⁻¹	瓦斯浓度 /%	抽采瓦斯纯量 /m³·min⁻¹	月度平均值 /m³·min⁻¹
第17个月	23	29.27	6.00	1.76	1.64
	23	29.27	6.50	1.90	
	23	35.85	6.50	2.33	
	23	28.68	6.20	1.78	
	24	28.68	5.80	1.66	
	23	28.08	6.10	1.71	
	25	18.51	7.00	1.30	
	26	18.51	6.50	1.20	
	26	19.42	6.20	1.20	
	22	22.68	6.80	1.54	
第18个月	28	29.57	4.80	1.42	1.32
	27	29.57	4.80	1.42	
	27	29.57	4.80	1.42	
	24	29.27	5.00	1.46	
	23	31.53	4.80	1.51	
	27	29.27	3.80	1.11	
	24	29.27	4.00	1.17	
	25	33.38	3.80	1.27	
	26	34.14	3.80	1.30	
	25	29.85	3.80	1.13	

表4.3 15201采煤工作面本煤层瓦斯抽采量观测记录汇总表

观测时间	月度平均抽采瓦斯量/m³·min⁻¹		
	进风顺槽	回风顺槽	合计
第6个月	2.05		
第7个月	1.98		
第8个月	1.91		
第9个月	2.00	2.89	4.89
第10个月	2.95	2.85	5.80
第11个月	1.83	3.15	4.98
第12个月	2.00	4.11	6.11
第13个月	2.35	3.80	6.15

观测时间	月度平均抽采瓦斯量/m³ · min⁻¹		
	进风顺槽	回风顺槽	合计
第 14 个月	0.79	3.02	3.81
第 15 个月		2.53	2.53
第 16 个月		2.05	2.05
第 17 个月		1.64	1.64
第 18 个月		1.32	1.32
平均	1.98	2.74	

4.2　邻近层瓦斯抽采治理效果观测及数据统计

15201 采煤工作面邻近层瓦斯抽采观测数据如表 4.4 所示。

表 4.4　15201 采煤工作面邻近层瓦斯抽采观测记录汇总表

观测时间	负压/Pa	瓦斯浓度/%	混合瓦斯量/m³ · min⁻¹	纯瓦斯量/m³ · min⁻¹	平均瓦斯量/m³ · min⁻¹
第 13 个月	12	0.23	303.58	0.70	21.17
	9	0.25	272.47	0.68	
	17	3.60	344.09	12.39	
	17	4.50	344.09	15.48	
	17	4.80	347.30	16.67	
	17	7.30	344.09	25.12	
	20	7.30	375.23	27.39	
第 14 个月	12	12.80	344.46	44.09	38.42
	12	10.70	344.46	36.86	
	17	10.50	388.47	40.79	
	17	10.50	388.23	40.76	
	17	11.00	339.41	37.34	
	17	9.90	338.47	33.51	
	19	12.40	338.94	42.03	
	13	12.70	268.90	34.15	
	14	13.40	269.50	36.11	
	14	14.20	268.90	38.18	
	13	14.40	269.58	38.82	

观测时间	负压 /Pa	瓦斯浓度 /%	混合瓦斯量 /m³·min⁻¹	纯瓦斯量 /m³·min⁻¹	平均瓦斯量 /m³·min⁻¹
第15个月	14	14.60	265.03	38.69	38.27
	14	15.40	256.05	39.43	
	16	17.50	251.43	44.00	
	20	14.90	277.97	41.42	
	21	14.70	282.15	41.48	
	21	14.60	283.39	41.37	
	17	15.10	261.50	39.49	
	19	14.10	253.29	35.71	
	18	11.30	262.85	29.70	
	18	11.70	268.10	31.37	
第16个月	19	11.50	274.05	31.52	30.36
	19	10.30	293.34	30.21	
	19	9.80	282.50	27.69	
	21	9.80	283.81	27.81	
	22	8.60	301.99	25.97	
	22	9.10	325.86	29.65	
	21	16.00	320.24	51.24	
	18	9.30	314.33	29.23	
	18	7.50	314.34	23.58	
	20	8.20	325.98	26.73	
第17个月	23	8.40	314.34	26.40	30.11
	23	9.70	314.34	30.49	
	23	10.30	331.35	34.13	
	23	10.30	281.11	28.95	
	23	10.80	283.81	30.65	
	23	10.10	287.29	29.02	
	22	9.90	299.27	29.63	
	24	10.40	305.65	31.79	
	23	10.30	302.57	31.16	
	21	9.20	313.97	28.89	
第18个月	19	9.20	314.34	28.92	23.53
	23	9.70	311.16	30.18	

续表4.4

观测时间	负压 /Pa	瓦斯浓度 /%	混合瓦斯量 /m³·min⁻¹	纯瓦斯量 /m³·min⁻¹	平均瓦斯量 /m³·min⁻¹
	23	9.40	253.98	23.87	
	24	9.90	224.11	22.19	
	23	8.40	220.69	18.54	
第18个月	22	8.90	274.15	24.40	23.53
	25	9.00	250.27	22.52	
	22	8.40	267.45	22.47	
	21	6.80	283.81	19.30	
	21	7.30	314.34	22.95	

4.3　瓦斯风排治理效果观测及数据统计

　　图4.1为安全监控系统记录的15201采煤工作面开采期间（第13～18个月）回风顺槽瓦斯浓度数据曲线。

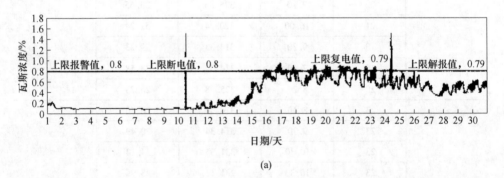

(a)

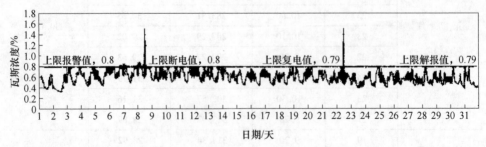

(b)

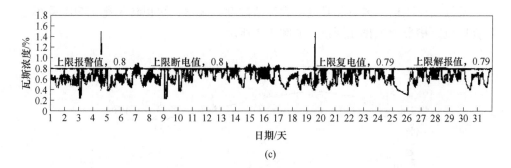

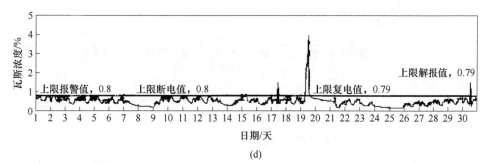

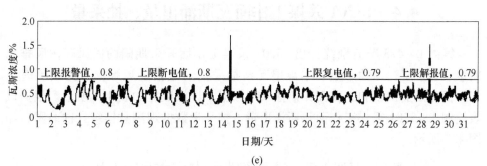

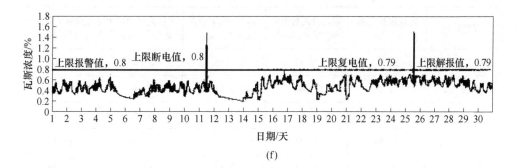

图 4.1　15201 采煤工作面回风顺槽瓦斯浓度

（a）第 13 个月；（b）第 14 个月；（c）第 15 个月；（d）第 16 个月；

（e）第 17 个月；（f）第 18 个月

　　根据回风顺槽配风量和月度最大瓦斯浓度记录值，可以计算得 15201 采煤工作面回风顺槽最大风排瓦斯量，如图 4.2 所示。

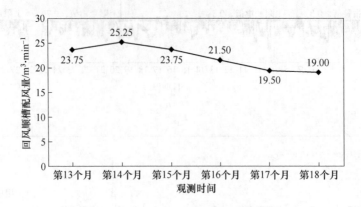

图 4.2　15201 采煤工作面回风顺槽最大
风排瓦斯量曲线图

4.4　15201 采煤工作面瓦斯涌出量、抽采量

　　第 4.1 ~ 4.3 节分别统计出 15201 采煤工作面开采期间的回风顺槽风排瓦斯量、邻近层瓦斯抽采量、本煤层瓦斯抽采量（包括进风顺槽、回风顺槽）、工作面瓦斯涌出量和工作面瓦斯抽采率数据，详细数据如表 4.5 所示。根据该表绘制出 15201 采煤工作面瓦斯涌出量、抽采量数据观测数据统计曲线图，如图 4.3 所示。

表 4.5　15201 采煤工作面瓦斯涌出量、抽采量数据观测统计表

观测时间	回风风排瓦斯量/m³·min⁻¹	邻近层瓦斯抽采量/m³·min⁻¹	本煤层瓦斯抽采量/m³·min⁻¹	工作面瓦斯涌出量/m³·min⁻¹	工作面瓦斯抽采率/%
第 13 个月	23.75	21.17	6.15	51.07	53.50
第 14 个月	25.25	38.42	3.81	67.48	62.58
第 15 个月	23.75	38.27	2.53	64.55	63.21
第 16 个月	21.50	30.36	2.05	53.91	60.12
第 17 个月	19.50	30.11	1.64	51.25	61.95
第 18 个月	19.00	23.53	1.32	43.85	56.67
平均	22.13	30.31	2.92	55.35	59.67

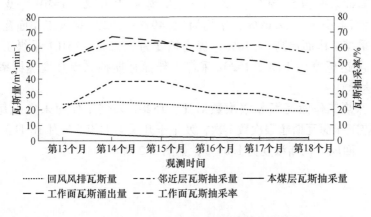

图 4.3　15201 采煤工作面瓦斯观测数据统计曲线图

4.5　本章小结

不同瓦斯抽采方法采煤工作面瓦斯治理效果对比：

（1）采煤工作面瓦斯涌出量对比：由表 4.5 和表 2.7 对比可知，15201 采煤工作面瓦斯涌出量为 43.85～67.48m³/min，平均为 55.35m³/min；15101 采煤工作面瓦斯涌出量为 28.58～63.85m³/min，平均为 45.26m³/min；15201 采煤工作面瓦斯涌出量比 15101 采煤工作面增加 10.09m³/min，增长幅度为 22.3%。

（2）采煤工作面风排瓦斯量对比：由表 4.5 和表 2.7 对比可知，15201 采煤工作面风排瓦斯量为 14.95～38.40m³/min，平均为 29.22m³/min；15101 采煤工作面瓦斯涌出量为 19.00～25.25m³/min，平均为 22.13m³/min；15201 采煤工作面瓦斯涌出量比 15101 采煤工作面减少 7.09m³/min，减少幅度为 24.3%。

（3）采煤工作面本煤层瓦斯抽采量对比：由表 4.5 和表 2.7 对比可知，15201 采煤工作面本煤层瓦斯抽采量为 1.32～6.15m³/min，平均为 2.92m³/min；15101 采煤工作面本煤层瓦斯抽采量为 0.23～5.10m³/min，平均为 2.52m³/min；15201 采煤工作面本煤层瓦斯抽采量比 15101 采煤工作面增加 0.4m³/min，增长幅度为 15.9%。

（4）采煤工作面邻近层瓦斯抽采量对比：由表 4.5 和表 2.7 对比可知，15201 采煤工作面邻近层瓦斯抽采量为 21.17～38.42m³/min，平均为 30.31m³/min；15101 采煤工作面邻近层瓦斯抽采量为 4.86～21.27m³/min，平均为 13.52m³/min；15201 采煤工作面邻近层瓦斯抽采量比 15101 采煤工作面增加 16.79m³/min，增长幅度为 124.2%。

（5）采煤工作面瓦斯抽采率对比：由表 4.5 和表 2.7 对比可知，15201 采煤工作面瓦斯抽采率为 53.50% ~ 63.21%，平均为 59.67%；15101 采煤工作面瓦斯抽采率为 24.61% ~ 47.69%，平均为 35.49%；15201 采煤工作面瓦斯抽采率比 15101 采煤工作面提高 24.18%，提高幅度为 68.1%。15101 采煤工作面瓦斯抽采率月度达标率为 10%，15201 采煤工作面瓦斯抽采率月度达标率为 100%（即每月达标）。

（6）采煤工作面瓦斯超限次数对比：15201 采煤工作面未发生瓦斯超限；15101 采煤工作面瓦斯超限次数 1 次，发生于开采第 1 年的 7 月 10 日工作面周期来压期间，回风流瓦斯浓度为 1.89%，如图 2.2 所示。

5 U型通风采煤工作面邻近层瓦斯抽采技术分析

5.1 初采期间瓦斯抽采技术分析

初采期是指顶板垮落法管理顶板采煤工作面初次来压结束之前的特殊时期。初采期间，随着工作面的推进，新鲜煤壁暴露以及煤壁压力重新分布，煤壁瓦斯浓度会明显加大，这些瓦斯采用通风方法稀释、排出；而采煤工作面支架后方，开始形成悬顶区，逐步形成直接顶垮落区，围岩瓦斯释放的同时，风流速度逐渐减小，瓦斯浓度逐渐升高。随着直接顶垮落区面积的增加，基本顶开始断裂、垮塌，第一次出现顶板压力、瓦斯涌出量曲线出现峰值，上、下邻近层瓦斯大量涌出。初采期间抽采瓦斯浓度、抽采量记录如表5.1所示。

而此时，工作面采空区顶板冒落带开始发展，裂隙带并不发育，因此高抽巷或高位钻孔尚不能发挥抽采瓦斯的作用。例如15101采煤工作面，初采期间的采空区瓦斯通过专用排瓦斯巷横贯（尾巷）和初采高抽巷排出。15201采煤工作面取消了专用排瓦斯巷横贯（尾巷）和高抽巷，首次采用横贯埋设瓦斯管路、后高抽钻孔综合抽采方法。

初采期的长短受工作面推进速度和初次来压步距控制。根据生产技术部门的矿压观测记录，15101采煤工作面初次来压出现在该工作面开采第9天，初次来压步距为17m，15201采煤工作面初次来压出现在该工作面开采第11天，初次来压步距为19m。

对表5.1进行进一步的归类整理，可得初采期间各类钻孔抽采量及所占份额，详见表5.2和图5.1。

由表5.1、表5.2和图5.1可获取以下信息：

（1）8个后高抽钻孔只有HGC4钻孔在初采期发挥了一定的作用，但贡献率比较大的天数只有2~3天（6月18日21.2%，6月20日26.1%），之后的作用急剧衰减。6月18日（推进度为16.8m）之前，低位孔也开始发挥作用，十横贯对于初采期间瓦斯治理发挥了主导性的作用；6月18日~6月22日（推进度为16.8~28.8m）期间，后高抽钻孔、高位孔、低位孔、十横贯共同发挥作用，其中十横贯仍然发挥主导性的作用；6月22日（推进度为28.8m）之后，十横贯的作用开始衰减，低位孔、高位孔发挥作用进一步增强。总之，后高抽钻孔对

表 5.1　初采期间抽采瓦斯浓度、抽采量记录表

日期/推进度 参数	6.16/16m		6.18/16.8m		6.20/22.4m		6.21/25.6m		6.22/28.8m		6.24/34.4m	
	浓度/%	抽采量/m³·min⁻¹	浓度/%	抽采量/m³·min⁻¹	浓度/%	抽采量/m³·min⁻¹	浓度/%	抽采量/m³·min⁻¹	浓度/%	抽采量/m³·min⁻¹	浓度/%	抽采量/m³·min⁻¹
HGC8			7.7	0.1							18	0.1
HGC7												
HGC6												
HGC5												
HGC4	2.1	0.1	36.5	2.1	63.7	3.7			7.1	0.8	2.74	0.3
HGC3	31.4	0.2	37	0.2	66.8	0.4			4.6	0.2	10.4	0.3
HGC2									5.5	0.1	20.4	0.3
HGC1					61.4	0.4	58	0.3	100	0.6	100	0.6
D32			85.3	1.0	94.1	1.3	19.2	0.1	15.6	0.2	4.2	0.1
G32			37	0.2	66.8	0.4	18.4	0.1	14.0	0.1	20.6	0.8
D31			26.2	0.2	54.7	0.2	39.6	0.3	52.1	0.5	90.4	4.5
G31			77.5	0.5	97.7	0.9	65.9	1.3	64.2	4.3	39.8	7.2
D30			10.2	0.1	16.8	0.1	10.9	0.1	8.8	0.1	9.3	1.0
G30					12.0	0.1	15.4	0.1	74.3	1.1	72.5	13.1
D29					7.5	0.1			41.8	0.5	29.5	0.8

续表 5.1

日期/推进度	6.16/16m		6.18/16.8m		6.20/22.4m		6.21/25.6m		6.22/28.8m		6.24/34.4m	
参数	浓度/%	抽采量/m³·min⁻¹	浓度/%	抽采量/m³·min⁻¹	浓度/%	抽采量/m³·min⁻¹	浓度/%	抽采量/m³·min⁻¹	浓度/%	抽采量/m³·min⁻¹	浓度/%	抽采量/m³·min⁻¹
C29									8.0	0.1	71.9	0.6
D28											100	0.8
C28					7.7	0.1			24.6	0.1	24	0.2
十横贯	0.9	3.1	1.9	6.2	2.5	8.4	4.5	14.1	4.1	12.0	2.5	7.2
合计		3.4		10.4		15.7		16.4		20.7		37.9

表 5.2　初采期间各类钻孔抽采量及所占份额表

日期/推进度	6.16/16m		6.18/16.8m		6.20/22.4m		6.21/25.6m		6.22/28.8m		6.24/34.4m	
参数	抽采量/m³·min⁻¹	份额/%	抽采量/m³·min⁻¹	份额/%	抽采量/m³·min⁻¹	份额/%	抽采量/m³·min⁻¹	份额/%	抽采量/m³·min⁻¹	份额/%	抽采量/m³·min⁻¹	份额/%
后高抽钻孔	0.3	8.8	2.2	21.2	4.1	26.1	0.3	1.8	1.7	8.2	1.5	4.0
高位孔			0.7	6.7	1.5	9.6	1.5	9.1	5.7	27.5	21.9	57.8
低位孔			1.3	12.5	1.7	10.8	0.5	3.0	1.3	6.3	7.2	19.1
十横贯	3.1	91.2	6.2	59.6	8.4	53.5	14.1	86.0	12.0	58.0	7.2	19.1
合计	3.4		10.4		15.7		16.4		20.7		37.9	

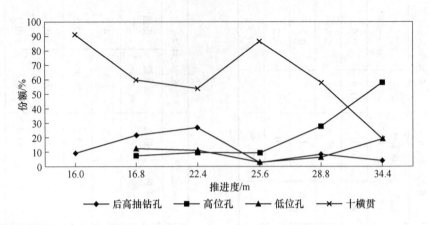

图 5.1　初采期间各类钻孔抽采量所占份额曲线图

于初采期间瓦斯治理作用非常有限。

（2）后高抽钻孔对于初采期间瓦斯治理作用非常有限，但是存在能不能取消的问题。图 5.1 中，推进度为 16.8～22.4m 时，十横贯曲线处于低谷区，后高抽钻孔曲线处于峰值区，说明十横贯与后高抽钻孔抽采瓦斯具有互补性。但是，从表 5.1 可知，后高抽钻孔抽采瓦斯浓度始终高于十横贯，具有抽采瓦斯效率高、路径短、"拦截、抑制高浓度瓦斯向采空区上隅角扩散"效果好的特点。因此，横贯不能完全取代后高抽钻孔。

（3）在图 5.1 中，低位孔、后高抽钻孔曲线形态十分相似，从设计目的考虑，两类钻孔的作用也是一致的，就是在裂隙带形成之前"拦截、抑制高浓度瓦斯向采空区上隅角扩散"。因此，低位孔可以完全取代后高抽钻孔。

（4）在图 5.1 中，推进度为 28.8～34.4m，平均为 31.6m 时，高位孔与十横贯抽采瓦斯份额曲线相交，说明从此十横贯抽采瓦斯主导作用地位被高位孔取代。从表 5.2 也可以看出，此阶段瓦斯涌出量急剧增加。从瓦斯涌出量角度分析，此时初次来压才刚刚完成。因此，生产技术部门统计的初次来压步距更适用于采煤工作面支护管理，通风、抽采部门则应从更大的时间、空间尺度加强瓦斯治理措施。

（5）按照抽采方法分类原则，15101 采煤工作面采用的尾巷与 15201 采煤工作面采用的横贯埋管都属于采空区瓦斯抽采范畴。对照表 5.2 中"十横贯抽采瓦斯纯量"与表 2.6 中"尾巷风排瓦斯量"相关数据，"十横贯抽采瓦斯纯量"普遍大于"尾巷风排瓦斯量"。说明横贯埋管完全可以代替尾巷，并且治理瓦斯效率更高。因此，采煤工作面"U"型通风方式可以代替"U+L"型通风方式。

（6）15101 采煤工作面采用的走向高抽巷与 15201 采煤工作面采用的倾斜钻孔都属于邻近层瓦斯卸压抽采范畴。对照表 5.2 中"高位孔、低位孔瓦斯抽采纯量"与表 2.7 中"邻近层瓦斯抽采量"相关数据，可以发现 15201 采煤工作面倾斜钻孔抽采效果明显好于 15101 采煤工作面走向高抽巷。这样的观测结果明显不符合阳泉矿区大多数矿井瓦斯治理的一般认识。

其实，这两种抽采方法，除了针对的瓦斯源相同以外，只要设计参数选取得当，抽采效果也并没有本质的区别。关于设计参数的选取，对于走向高抽巷而言，影响抽采效果的主要因素是巷道布置层位、与回风顺槽的平面投影距离，其中巷道布置层位最难选择：设计垂距合理不一定有明显的标志层，明显标志层往往由于瓦斯涌出量较大导致巷道施工进度受限；对于倾斜钻孔来说，影响抽采效果的主要因素是钻孔角度、钻孔深度、钻孔间距和钻孔直径，而这些都是比较容易保证的。

走向高抽巷抽采的最大特点是其连续性，而倾斜钻孔通过缩短钻孔间距、增加钻孔数量等方法也能以"接力"方式实现连续性抽采；倾斜钻孔的最大特点是存在抽采半径或服务范围，可以通过关闭、封堵采空区深部钻孔减少采空区漏风，做到采空区及时进入窒息带，有利于防治采空区自燃，而走向高抽巷做到这一点比较困难，通常只有通过采空区自然压实减少采空区漏风。

走向高抽巷抽采的另一特点是抽采瓦斯量的稳定性。走向高抽巷巷道布置层位高度一般为 13 倍采高，与顶板冒落带之间存在高度基本稳定的裂隙带，走向高抽巷通常不会与采空区直接沟通，因此能够保持抽采瓦斯量的稳定性。而倾斜钻孔由于一般穿越开采层到裂隙带下部的垂直高度范围，每个钻孔的倾角以及钻孔所处区域顶板冒落程度存在较大的差异，都将影响钻孔到冒落带的法线距离即保留的裂隙带厚度，进而影响抽采浓度和抽采量。因此，倾斜钻孔抽采瓦斯量稳定性低于走向高抽巷。倾角过小会造成服务时间、服务推进度过短；倾角过大会出现类似走向高抽巷层位选择过高的情况。也不乏抽采效果特别好的钻孔，其倾角往往介于前两种情况之间，即有一定的随机性；这一类钻孔不一定都抽采效果特别好，但出现的概率会大幅度提高。

5.2 正常开采期间瓦斯抽采技术分析

表 5.3 是 15201 采煤工作面正常开采期间抽采瓦斯量记录摘要，详细记录了后高抽钻孔（HGC 系列）、高位孔（G 系列）、低位孔（D 系列）、试验孔（D 系列）、十横贯，在采煤工作面推进过程中记录的单孔抽采瓦斯量，是研究邻近层瓦斯抽采技术的第一手资料。

由表 5.3 可获取以下信息：

（1）后高抽钻孔中抽采效果最好的是 HGC1 孔，该孔服务时间最长、服务推进度最大、抽采瓦斯量最大。从 6 月 20 日投入使用，6 月 25 日正式开始发挥作

表 5.3　正常开采期间抽采瓦斯量记录表（摘要）

日期	6.16		6.17		6.18		6.19		6.20		6.21		6.22		6.23		6.24	
参数	B/m	Q $/m^3 \cdot min^{-1}$	B/m	Q $/m^3 \cdot min^{-1}$	B/m	Q $/m^3 \cdot min^{-1}$	B/m	Q $/m^3 \cdot min^{-1}$	B/m	Q $/m^3 \cdot min^{-1}$	B/m	Q $/m^3 \cdot min^{-1}$	B/m	Q $/m^3 \cdot min^{-1}$	B/m	Q $/m^3 \cdot min^{-1}$	B/m	Q $/m^3 \cdot min^{-1}$
HGC8	33.2				41.2	0.1											60.2	0.1
HGC7	32.2																	
HGC6																		
HGC5																		
HGC4		0.1			37.2	2.1			41.2	3.7	41.4	0.3	47.6	0.8			56.2	0.3
HGC3		0.2											46.6	0.2			55.2	0.3
HGC2													45.6	0.1			54.2	0.3
HGC1									38.2	0.4			44.6	0.6			53.2	0.6
后高抽孔小计		0.3				2.2				4.1		0.3		1.7				1.6
D32					10.2	1.0			14.2	1.3	17.4	0.1	20.6	0.2			29.2	0.1
C32					8.2	0.2			12.2	0.4	15.4	0.1	18.6	0.1			27.2	0.8
D31					0.2	0.2			4.2	0.2	7.4	0.3	10.6	0.5			19.2	4.5
C31					-1.8	0.5			2.2	0.9	5.4	1.3	8.6	4.3			17.2	7.2
D30					-9.8	0.1			-5.8	0.1	-2.6	0.1	0.6	0.1			9.2	1.0
C30									-7.8	0.1	-4.6	0.1	-1.4	1.1			7.2	13.1
D29									-15.8	0.1			-9.4	0.5			-0.8	0.8
C29													-11.4	0.1			-2.8	0.6
D28																	-10.8	0.8
C28									-27.80	0.1			-21.4	0.1			-12.8	0.2
低位孔小计						1.3				1.7		0.5		1.3				7.2
高位孔小计						0.7				1.5		1.5		5.7				21.9
十横贯	19	3.1								8.4		14.1		12			37	7.2
合计		3.4				10.4				15.7		16.4		20.7				37.9

续表 5.3

日期	6.25		6.26		6.27		6.28		6.29		6.30		7.1		7.2		7.3		7.4	
参数	B/m	Q/m³·min⁻¹	B/m	Q/m³·min⁻¹	B/m	Q/m³·min⁻¹	B/m	Q/m³·min⁻¹	B/m	Q/m³·min⁻¹	B/m	Q/m³·min⁻¹	B/m	Q/m³·min⁻¹	B/m	Q/m³·min⁻¹	B/m	Q/m³·min⁻¹	B/m	Q/m³·min⁻¹
HGC8	62.6	0.40	65.8	0.43	66	0.22	74	0	77.2	0.34	79.6	0.24	82	0	84.1	0.04	×	8天	21.5	0.21
HGC7	61.6	0	64.8	0	65	0	73	0	76.2	0	78.6	0	81	0	83.1	0	×	8天	21.5	0
HGC6	60.6	0	63.8	0	64	0	72	0	75.2	0	77.6	0	80	0	82.1	0	×	8天	21.5	0
HGC5	59.6	0	62.8	0	63	0	71	0	74.2	0	76.6	0	79	0	81.1	0	×	8天	21.5	0
HGC4	58.6	0.67	61.8	0.11	62	0.57	70	0	73.2	0.27	75.6	0.21	78	0.46	80.1	0.47	×	8天	21.5	0.35
HGC3	57.6	0.30	60.8	0.43	61	0	69	0.02	72.2	0.01	74.6	0.01	77	0.04	79.1	0.03	×	8天	21.5	0.11
HGC2	56.6	0.79	59.8	1.23	60	0.50	68	0.21	71.2	0.12	73.6	2.82	76	0.38	78.1	0.21	80.5	0.84	87	0.45
HGC1	55.6	1.17	58.8	2.10	59	0.88	67	4.32	70.2	2.00	72.6	0.27	75	4.69	77.1	1.41	79.5	5.50	86	5.49
后高抽孔小计		**3.33**		**4.30**		**2.17**		**4.55**		**2.74**		**3.55**		**5.57**		**2.16**		**6.34**		**5.94**
D32	31.6	0.15	34.8	0.15	35	0.11	43	0.10	46.2	0.17	48.6	0.14	51	0.51	53.1	0.18	55.5	0.93	62	0.36
G32	29.6	1.48	32.8	0.29	33	0.85	41	0.65	44.2	1.05	46.6	2.01	49	1.91	51.1	1.31	53.5	3.89	60	2.89
D31	21.6	8.48	24.8	2.90	25	1.40	33	5.93	36.2	3.79	38.6	2.01	41	5.41	43.1	4.34	45.5	4.87	52	6.27
G31	19.6	6.00	22.8	0.27	31	0.93	31	1.59	34.2	1.25	36.6	0.79	39	1.69	41.1	0.65	43.5	3.16	50	1.67
D30	11.6	0.85	14.8	1.10	15	0.51	23	0	26.2	1.57	28.6	4.62	31	3.95	33.1	1.42	35.5	5.41	42	3.80
G30	31	13.07	31	13.07	31	3.95	31	3.95	31	3.95	26.6	0.22	29	0.53	31.1	1.14	33.5	3.30	40	0.37
D29	1.6	1.43	4.8	0.21	5	0.21	13	0	16.2	0.28	18.6	0.20	21	0.43	23.1	0.76	25.5	2.46	32	1.76
C29	-0.4	0.63	2.8	3.30	3	0.51	11	0	14.2	0.89	16.6	0.46	19	0.33	21.1	0.97	23.5	2.72	30	1.60
D28	-8.4	0.77	-5.2	0	-5	0.60	3	0	6.2	0.01	8.6	0.01	11	0.02	13.1	0.03	15.5	0	22	0.01
C28	-10.4	0.37	-7.2	0	-7	0	1	0	4.2	3.36	6.6	4.81	9	1.89	11.1	0.57	13.5	2.51	20	1.69
G27-1													4	0.42	6.1	0.72	8.5	1.80	15	2.07
C27													-8	0.13	-5.9	0.10	-3.5	0.04	3	0.20
低位孔小计		**11.68**		**4.36**		**2.83**		**6.03**		**5.82**		**6.98**		**10.32**		**6.73**		**13.67**		**12.2**
高位孔小计		**21.55**		**16.93**		**6.24**		**6.19**		**10.5**		**8.29**		**6.9**		**5.46**		**17.42**		**10.49**
十横贯	40	**2.04**		**2.22**		**16.56**		**12.79**		**10.87**		**11.44**		**21.88**		**22.72**		**0.81**	70	**8.31**
合计		**38.6**		**27.81**		**27.8**		**29.56**		**29.93**		**30.26**		**44.67**		**37.07**		**38.24**		**36.94**

续表5.3

日期	7.4		7.5		7.6		7.7		7.8		7.9		7.10		7.11		7.12		7.13	
参数	B/m	Q/(m³·min⁻¹)	B/m	Q/(m³·min⁻¹)	B/m	Q/(m³·min⁻¹)	B/m	Q/(m³·min⁻¹)	B/m	Q/(m³·min⁻¹)	B/m	Q/(m³·min⁻¹)	B/m	Q/(m³·min⁻¹)	B/m	Q/(m³·min⁻¹)	B/m	Q/(m³·min⁻¹)	B/m	Q/(m³·min⁻¹)
HGC2	87	0.45	90.2	0.37	93.8	0.35	×	12天	37.2	0.69	104.6	8.97	107.8	9.75	111	11.46	114.2	10.10	122.3	10.30
HGC1	86	5.49	89.2	3.61	92.8	7.34	98.2	5.62	101.4	9.74										
小计		**5.94**		**3.98**		**7.69**		**5.62**		**9.74**		**8.97**		**9.75**		**11.46**		**10.1**		**10.3**
D32	62	0.36	65.2	0.59	68.8	0.89	74.2	0.10	×	20天		0.39								
G32	60	2.89	63.2	2.96	66.8	2.03	72.2	1.48	75.4	1.02	78.6	1.62	81.8	0.73	85	1.05	88.2	1.01	96.3	1.64
D31	52	6.27	55.2	7.46	58.8	2.79	64.2	5.26	67.4	8.61	70.6	13.55	73.8	9.56	77	8.26	80.2	10.68	88.3	8.78
G31	50	1.67	53.2	1.84	56.8	2.17	62.2	0.74	×	20天	64	2.05								
D30	42	3.80	45.2	3.38	48.8	2.05	54.2	0.04	×	20天	64	1.67	61.8	1.02	65	1.27	68.2	0.96	76.3	1.46
G30	40	0.37	43.2	1.07	46.8	1.89	52.2	2.20	55.4	0.50	58.6	1.26	51.8	0.53	55	1.43	58.2	1.10	66.3	1.65
D29	32	1.76	35.2	0.94	38.8	1.95	44.2	0.99	×	18天	60	1.00								
D28	30	1.60	33.2	1.07	36.8	1.74	42.2	0.97	45.4	0.95	48.6	1.59								
C28	22	0.01	25.2	0.02	28.8	1.97	34.2	2.60	37.4	1.29	40.6	1.28	43.8	0.52	47	0.85	50.2	0.85	58.3	0.94
C27-1	20	1.69	23.2	1.37	26.8	1.32	27.2	0.29	30.4	2.25	33.6	1.56	36.8	2.14	40	1.84	43.2	1.66	51.3	2.02
C27	15	2.07	18.2	2.77	9.8	4.85	15.2	11.00	18.4	8.81	21.6	5.17	24.8	5.36	28	6.18	31.2	4.51	39.3	6.35
C26	3	0.20	6.2	3.21	-15.2	0.09	-9.8	0.38	-6.6	0.60	-3.4	0.41	-0.2	0.36	3	0.65	6.2	0.78	14.3	2.57
低位孔小计		**12.2**		**12.39**		**9.65**		**8.99**		**9.9**		**14.83**		**10.08**		**9.11**		**11.53**		**9.72**
高位孔小计		**10.49**		**14.29**		**15.78**		**17.94**		**14.13**		**11.37**		**10.14**		**12.42**		**10.02**		**15.69**
S9-1															42	0.81	45.2	1.08	×	0.95
S9-2															39	0.38	42.2	0.73	×	0.92
S9-3															36	0.73	39.2	1.04	×	0.89
S9-4															33	0	36.2	0	×	0
S9-5															30	0.03	33.2	0.04	×	0.04
S9-6															27	0.10	30.2	0.06	×	0.08
S8-1																			8.3	0.06
S8-2																			5.3	0.05
试验孔小计																**2.05**		**2.95**		
十横贯	70	8.31		7.47		7.48	82	13.10	×	22天	79.2	9.93								0.11
九横贯									43	4.59		2.9		2.91		1.24	56	2.39		2.81
八横贯																			14.3	1.51
合计		36.94		38.13		40.6		45.65		38.36		38.07		32.88		36.28		36.99		37.33

续表 5.3

日期	7.13		7.14		7.15		7.16		7.17		7.18		7.19		7.20		7.21		7.22	
参数	B/m	$Q/\mathrm{(m^3\cdot min^{-1})}$	B/m	Q	B/m	Q	B/m	Q	B/m	Q	B/m	Q	B/m	Q	B/m	Q	B/m	Q	B/m	Q
HGC1	122.3	10.30	125.5	9.04	128.7	9.75	131.9	9.68	134.3	6.89	×	28天	96.1	5.44	72.1	4.19	74.8	3.11	78.4	2.69
G32	96.3	1.64	99.5	1.00	102.7	1.37	105.9	1.19	108.3	0.78	×	28天	96.1	1.33	60.1	6.04	62.8	4.91	66.4	2.55
D31	88.3	8.78	91.5	8.00	94.7	6.27	97.9	5.03	100.3	2.22	×	28天	96.1	5.26	35.1	19.9	37.8	11.1	41.4	8.00
G30	76.3	1.46	79.5	1.30	82.7	1.41	85.9	1.01	88.3	0.69	×	28天	96.1	2.74	10.1	2.24	12.8	5.65	16.4	13.3
C29	66.3	1.65	69.5	1.69	72.7	1.78	75.9	1.41	78.3	0.73	×	26天	89.7	1.15		0.09	-12.2	0.09	-8.6	0.08
D28	58.3	0.94	61.5	0.57	64.7	1.15	67.9	1.00	70.3	0.56	×	25天	81.1	0.63						
G27-1	51.3	2.02	54.5	1.41	57.7	1.88	60.9	1.28	63.3	1.09	65.7	2.97	68.9	4.94						
G27	39.3	6.35	42.5	5.36	45.7	2.64	48.9	2.64	51.3	3.46	53.7	4.76	56.9	6.30						
C26	14.3	2.57	17.5	3.41	20.7	6.03	23.9	10.3	26.3	11.57	28.7	15.62	31.9	19.6						
C25																				
C24							-1.1	0.06	1.3	0.16	3.7	0.18	6.9	0.52						
低位孔小计		**9.72**		**8.57**		**7.42**		**6.03**		**2.78**										
高位孔小计		**15.69**		**14.17**		**15.11**		**17.89**		**18.48**		**23.53**		**31.36**		**32.37**		**24.86**		**26.62**
S8-1	8.3	0.06	11.5	0.02	14.7	0.00	17.9	0.11	20.3	0.18	22.7	0.37	25.9	0.52	29.1	0.55	31.8	0.62	35.4	0.69
S8-2	5.3	0.05	8.5	0.02	11.7	0.00	14.9	0.51	17.3	0.68	19.7	1.00	22.9	1.40	26.1	2.16	28.8	2.35	32.4	0.76
S8-3			5.5	0.02	8.7	0.12	11.9	0.66	14.3	1.34	16.7	1.40	19.9	1.53	23.1	1.27	25.8	1.72	29.4	1.06
S8-4			2.5	0.04	5.7	0.06	8.9	0.31	11.3	1.08	13.7	1.14	16.9	1.72	20.1	1.21	22.8	1.65	26.4	1.21
S8-5							5.9	0.04	8.3	0.98	10.7	1.34	13.9	1.27	17.1	0.95	19.8	1.02	23.4	1.01
S8-6							2.9	0.06	5.3	0.05	7.7	0.09	10.9	0.12	14.1	0.20	16.8	0.22	20.4	0.73
试验孔小计		**0.11**		**0.1**		**0.18**		**1.69**		**4.31**		**5.34**		**6.56**		**6.34**		**7.58**		**5.46**
八横贯	14.3	1.51	17.5	5.43	20.7	1.43	23.9	1.55	26.3	0.47	28.7	4.00	×	6天	12.4	2.40				
合计		**37.33**		**37.31**		**33.89**		**36.84**		**32.93**		**32.87**		**37.92**		**38.71**		**32.44**		**32.08**

纵坐标 $Q/\mathrm{(m^3\cdot min^{-1})}$：0　5　10　15　20　25　30　35　40　45

横坐标 记录次序：1　2　3　4　5　6　7　8　9　10

图例：—◆— 高位孔小计　—■— 试验孔小计　—▲— 八横贯　—×— 合计

续表 5.3

日期		7.22		7.23		7.24		7.25		7.26		7.27		7.28		7.29		7.30		7.31	
参数		B/m	$Q/m^3 \cdot min^{-1}$	B/m	$Q/m^3 \cdot min^{-1}$	B/m	$Q/m^3 \cdot min^{-1}$	B/m	$Q/m^3 \cdot min^{-1}$	B/m	$Q/m^3 \cdot min^{-1}$	B/m	$Q/m^3 \cdot min^{-1}$	B/m	$Q/m^3 \cdot min^{-1}$	B/m	$Q/m^3 \cdot min^{-1}$	B/m	$Q/m^3 \cdot min^{-1}$	B/m	$Q/m^3 \cdot min^{-1}$
C27-1		78.4	2.69	81.6	2.70	84.8	2.28	88	1.80	91.2	1.90	90	1.95	92.7	1.27	95.4	1.19	97.8	1.44	99.4	1.34
C27		66.4	2.55	69.6	2.48	72.8	2.34	76	2.29	79.2	2.36	78	2.46	80.7	2.67	83.4	2.53	85.8	2.32	87.4	2.36
C26		41.4	8.00	44.6	7.79	47.8	7.59	51	8.25	54.2	9.03	53	7.33	55.7	7.81	58.4	7.25	60.8	5.74	62.4	5.16
C25		16.4	13.3	19.6	14.6	22.8	16.27	26	17.17	29.2	16.26	28	16.48	30.7	17.12	33.4	14.01	35.8	8.41	37.4	8.11
C24		-8.6	0.08	-5.4	0.09	-2.2	0.17	1	0.24	4.2	0.23	3	0.59	5.7	1.09	8.4	5.29	10.8	10.61	12.4	11.07
高位孔小计			26.62		27.66		28.64		29.74		29.78		28.81		29.96		30.27		28.52		28.04
S8-1		35.4	0.69	38.6	0.98	41.8	0.97	45	0.91	48.2	0.85	47	0.66	49.7	0.82	52.4	0.80	54.8	0.77	56.4	0.72
S8-2		32.4	0.76	35.6	0.77	38.8	1.12	42	1.19	45.2	1.17	44	1.06	46.7	1.16	49.4	1.04	51.8	1.15	53.4	1.04
S8-3		29.4	1.06	32.6	1.49	35.8	1.16	39	1.45	42.2	1.45	41	1.42	43.7	1.32	46.4	1.33	48.8	1.15	50.4	1.23
S8-4		26.4	1.21	29.6	1.21	32.8	1.58	36	1.68	39.2	1.19	38	1.39	40.7	1.39	43.4	1.26	45.8	1.35	47.4	1.34
S8-5		23.4	1.01	26.6	0.87	29.8	1.03	33	1.05	36.2	1.57	35	1.59	37.7	1.86	40.4	1.73	42.8	1.54	44.4	1.54
S8-6		20.4	0.73	23.6	0.79	26.8	0.71	30	0.69	33.2	0.76	32	0.55	34.7	0.88	37.4	0.83	39.8	0.77	41.4	0.59
试验孔小计			5.46		6.11		6.59		6.97		6.98		6.67		7.43		6.99		6.73		6.46
七横贯		0																			
合计			32.08		33.77		35.23		36.72		36.76		35.49		37.38		37.25		35.25		34.50

$Q/m^3 \cdot min^{-1}$　记录次序

—×— 合计　—◆— 高位孔小计　—■— 试验孔小计

续表 5.3

日期 参数	8.1 B/m	8.1 Q/m³·min⁻¹	8.2 B/m	8.2 Q/m³·min⁻¹	8.3 B/m	8.3 Q/m³·min⁻¹	8.4 B/m	8.4 Q/m³·min⁻¹	8.5 B/m	8.5 Q/m³·min⁻¹	8.6 B/m	8.6 Q/m³·min⁻¹	8.7 B/m	8.7 Q/m³·min⁻¹	8.8 B/m	8.8 Q/m³·min⁻¹	8.9 B/m	8.9 Q/m³·min⁻¹	8.10 B/m	8.10 Q/m³·min⁻¹
G27-1	101.8	1.44	105.0	0.87	×	33天	101	1.92					×	40天	109	3.25				
G27	89.8	2.39	93.0	2.05	95.4	2.21	98.1	2.64	100.5	2.12	102.9	2.25	81.1	2.74	83.5	2.78	86.7	2.64	92.3	3.14
C26	64.8	5.28	68.0	4.15	70.4	5.36	73.1	6.45	75.5	5.68	77.9	5.13	56.1	11.27	58.5	13.47	61.7	9.45	67.3	10.95
C25	39.8	8.48	43.0	9.04	45.4	11.15	48.1	11.83	50.5	16.25	52.9	16.47	31.1	3.94	33.5	2.94	36.7	2.21	42.3	2.24
C24	14.8	10.27	18.0	11.17	20.4	7.37	23.1	7.96	25.5	7.82	27.9	6.30	6.1	19.71	8.5	16.51	11.7	13.72	17.3	12.78
C23											2.9	2.43								
高位孔小计		27.86		27.28		26.09		28.88		31.87		32.58		37.66		35.71		28.02		29.11
S8-1	58.8	0.73	62.0	0.81	64.4	0.88	67.1	0.75	69.5	0.52	71.9	0.54	×	25天	64	0.59	74.7	1.22	80.3	1.36
S8-2	55.8	1.01	59.0	1.04	61.4	1.31	64.1	1.01	66.5	0.91	68.9	0.93	×	25天	64	0.99	71.7	1.74	77.3	1.47
S8-3	52.8	1.47	56.0	1.38	58.4	1.44	61.1	1.48	63.5	1.39	65.9	1.35	69.1	1.75	71.5	1.69	68.7	1.63	74.3	1.54
S8-4	49.8	1.78	53.0	1.67	55.4	1.65	58.1	1.63	60.5	1.62	62.9	1.53	66.1	1.77	68.5	1.65	65.7	0.43	×	0.51
S8-5	46.8	1.24	50.0	1.59	52.4	1.64	55.1	1.78	57.5	1.40	59.9	1.54	63.1	1.41	65.5	1.40				
S8-6	43.8	0.36	47.0	0.58	49.4	0.42	52.1	0.51	54.5	0.38	56.9	0.43	60.1	0.72	62.5	0.53				
S7-1													22.1	0.16	24.5	0.16	27.7	0.06	33.3	0.15
S7-2													19.1	0.22	21.5	0.21	24.7	0.07	30.3	0.14
S7-3																	21.7	1.44	27.3	0.92
S7-4																	18.7	0.18	24.3	0.31
S7-5																			21.3	0.89
试验孔小计		6.59		7.07		7.34		7.16		6.22		6.31		6.03		5.64		6.77		6.77
七横黄	O																			
合计		34.45		34.35		33.43		36.04		38.09		38.89		43.69		41.35		34.79		35.89

图（折线图）：
纵轴 $Q/\mathrm{m^3 \cdot min^{-1}}$，刻度 0、5、10、15、20、25、30、35、40、45、50；横轴 记录次序，1～10。
图例：—×— 高位孔小计　—■— 试验孔小计　—◆— 合计

续表 5.3

日期 参数	8.11		8.12		8.13		8.14		8.15		8.16		8.17		8.18		8.19		8.20	
	B/m	$Q/\mathrm{m^3 \cdot min^{-1}}$	B/m	Q	B/m	Q	B/m	Q	B/m	Q	B/m	Q	B/m	Q	B/m	Q	B/m	Q	B/m	Q
G26	94.7	3.31	97.4	3.42	99	3.64	102.2	3.05	105.4	2.57	107.8	2.32			112.6	2.02	115.8	2.04	119.0	2.05
G25	69.7	10.77	72.4	12.15	74	14.18	77.2	10.88	80.4	10.20	82.8	9.54			87.6	9.88	90.8	10.93	94.0	12.69
G24	44.7	2.48	47.4	2.60	49	2.27	52.2	2.35	55.4	1.61	57.8	1.33			62.6	1.27	65.8	1.35	69.0	1.47
G23	22.7	14.10	25.4	11.61	27	5.02	30.2	3.43	33.4	2.73	35.8	2.61			40.6	2.73	43.8	2.61	47.0	2.73
G22			0.4	1.43	2	3.46	5.2	12.99	8.4	17.81	10.8	17.24			15.6	14.37	18.8	12.97	22.0	8.01
G21																			−3.0	0.60
高位孔小计		30.66		31.20		28.57		32.70		34.92		33.03				30.28		29.90		27.56
S8-3	82.7	1.29	×	29天	75	1.27														
S8-4	79.7	1.44	×	29天	75	1.34														
S8-5	76.7	1.27	×	25天	63	0.50														
S7-1	35.7	0.13	38.4	0.15	40	0.07	43.2	0.04	46.4	0.06	48.8	0.10			53.6	0.08	56.8	0.16	60.0	0.17
S7-2	32.7	0.14	35.4	0.12	37	0.10	40.2	0.16	43.4	0.08	45.8	0.13			50.6	0.12	53.8	0.21	57.0	0.24
S7-3	29.7	1.08	32.4	1.27	34	1.08	37.2	1.34	40.4	1.21	42.8	1.37			47.6	1.37	50.8	1.65	54.0	1.65
S7-4	26.7	0.27	29.4	0.52	31	0.39	34.2	0.32	37.4	0.39	39.8	0.25			44.6	0.12	47.8	0.31	51.0	0.36
S7-5	23.7	0.96	26.4	2.04	28	1.59	31.2	1.18	34.4	1.49	36.8	1.34			41.6	1.02	44.8	1.30	48.0	1.40
S7-6	20.7	0.97	23.4	0.56	25	0.32	28.2	0.29	31.4	0.30	33.8	0.31			38.6	0.11	41.8	0.26	45.0	0.26
试验孔小计		7.54		4.65		3.56		3.33		3.53		3.50				2.81		3.89		4.08
七横贯		O																		
合计		38.20		35.86		32.13		36.03		38.45		36.53				33.09		33.79		31.65

图例：—×— 合计　—◆— 高位孔小计　—■— 试验孔小计

纵轴 $Q/\mathrm{m^3 \cdot min^{-1}}$（0、5、10、15、20、25、30、35、40、45）　横轴 记录次序（1～10）

续表 5.3

日期	8.21		8.22		8.23		8.24		8.26		8.27		8.28		8.29		8.30		8.31	
参数	B/m	Q/(m³·min⁻¹)	B/m	Q/(m³·min⁻¹)	B/m	Q/(m³·min⁻¹)	B/m	Q/(m³·min⁻¹)	B/m	Q/(m³·min⁻¹)	B/m	Q/(m³·min⁻¹)	B/m	Q/(m³·min⁻¹)	B/m	Q/(m³·min⁻¹)	B/m	Q/(m³·min⁻¹)	B/m	Q/(m³·min⁻¹)
C26	122.2	1.91	124.6	1.98	×	48天	134	5.19	108.4	9.63	111.6	8.04	114.8	10.39	117.2	10.04	119.6	8.51	122.8	10.37
C25	97.2	12.26	99.6	12.32	102.8	11.27	104.4	9.41	83.6	2.73	86.6	2.45	89.8	4.05	92.2	4.11	94.6	2.76	97.8	3.40
C24	72.2	1.85	74.6	1.96	×	2.54	57.4	2.48	61.4	3.10	64.6	3.75	67.8	4.83	70.2	5.09	72.6	4.61	75.8	4.58
C23	50.2	3.31	52.6	3.24	55.8	1.65	32.4	2.58	36.4	2.74	39.6	2.49	42.8	2.89	45.2	3.09	47.6	2.81	50.8	2.74
C22	25.2	5.98	27.6	4.83	30.8	8.90	7.4	11.70	11.4	10.73	14.6	7.89	17.8	6.47	20.2	6.48	22.6	5.64	25.8	2.42
C21	0.2	1.04	2.6	2.36	5.8															
高位孔小计		26.34		26.70		24.37		28.65		28.93		24.61		28.63		28.81		24.34		23.50
S7-1	63.2	0.19	65.6	0.19	×	16天	44	0.12	68.4	1.37	71.6	1.46	74.8	1.53	77.2	1.49	79.6	2.16	82.8	1.53
S7-2	60.2	0.23	62.6	0.23	×	16天	44	0.16	65.4	0.33	68.6	0.33	71.8	0.32	74.2	0.32	76.6	0.40	×	0.31
S7-3	57.2	1.40	59.6	1.56	62.8	0.38	64.4	1.53	62.4	1.27	65.6	1.30	68.8	1.24	71.2	1.34	73.6	1.64	76.8	1.88
S7-4	54.2	0.30	56.6	0.29	59.8	0.15	61.4	0.35	59.4	0.19	62.6	0.22	65.8	0.23	68.2	0.21	70.6	0.19	×	0.28
S7-5	51.2	1.78	53.6	1.56	56.8	0.64	58.4	1.78												
S7-6	48.2	0.21	50.6	0.21	53.8	0.07	55.4	0.20												0.30
S6-1																			4.8	
试验孔小计		4.11		4.03		1.24		3.86		3.17		3.32		3.31		3.37		4.40		5.58
六横贯	○																			
合计		30.45		30.73		25.61		32.51		32.10		27.93		31.94		32.18		28.73		29.09

折线图（纵坐标 Q/(m³·min⁻¹)，0～35；横坐标 记录次序，1～10）

图例：—◆— 高位孔小计　—■— 试验孔小计　—×— 合计

续表 5.3

日期 / 参数	9.1		9.2		9.3		9.4		9.5		9.6		9.7		9.8		9.9		9.10	
参数	B/m	$Q/(\mathrm{m^3\cdot min^{-1}})$	B/m	$Q/(\mathrm{m^3\cdot min^{-1}})$	B/m	$Q/(\mathrm{m^3\cdot min^{-1}})$	B/m	$Q/(\mathrm{m^3\cdot min^{-1}})$	B/m	$Q/(\mathrm{m^3\cdot min^{-1}})$	B/m	$Q/(\mathrm{m^3\cdot min^{-1}})$	B/m	$Q/(\mathrm{m^3\cdot min^{-1}})$	B/m	$Q/(\mathrm{m^3\cdot min^{-1}})$	B/m	$Q/(\mathrm{m^3\cdot min^{-1}})$	B/m	$Q/(\mathrm{m^3\cdot min^{-1}})$
C25	125.2	10.37	128.4	10.21	130.2	8.76	133.4	8.37	136.6	8.65	139.0	6.59	142.2	6.48	142.2	7.08	×	53天	143	10.17
C24	100.2	3.57	103.4	3.76	105.2	3.04	108.4	3.00	111.6	3.17	114.0	2.01	117.2	2.02	117.2	2.13	×	49天	129	2.87
C23	78.2	4.71	81.4	4.77	83.2	3.80	86.4	4.29	89.6	4.55	92.0	2.79	95.2	2.68	95.2	2.74	×	32天	92	5.63
C22	53.2	3.38	56.4	3.08	58.2	2.30	61.4	1.94	64.6	1.94	67.0	1.48	70.2	1.44	70.2	1.37	71.0	1.76	75.8	2.14
C21	28.2	2.02	31.4	2.54	33.2	1.65	36.4	1.31	39.6	1.32	42.0	1.13	45.2	1.19	45.2	1.26	46.0	1.55	50.8	2.19
C20							13.4	2.96	16.6	5.77	19.0	10.61	22.2	10.06	22.2	9.03	23.0	10.17	27.8	13.61
G19																			2.8	0.29
高位孔小计		24.05		24.36		19.55		21.87		25.40		24.61		23.86		23.61		13.48		18.22
S7-3	85.2	1.59	88.4	1.59	90.2	1.75	93.4	1.77	96.6	1.65	99.0	1.72	102.2	1.84	×	28天	81	1.45		
S7-5	79.2	1.63	82.4	1.63	84.2	1.28	87.4	1.28	90.6	0.71	×	25天	69	1.37						
S6-1	7.2	0.28	10.4	0.58	12.2	0.57	15.4	1.14	18.6	1.21	21.0	1.84	24.2	1.34	24.2	1.46	25	1.91	29.8	1.97
S6-2	4.2	0	7.4	0	9.2	1.21	12.4	1.37	15.6	1.43	18.0	1.58	21.2	0.87	21.2	0.86	22	1.34	26.8	1.50
S6-3					6.2	0	9.4	0	12.6	0	15.0	1.05	18.2	0.76	18.2	0.95	19	1.08	23.8	1.27
S6-4					3.2	0	6.4	0	9.6	0	×	3天	6.4	0						
S6-5					0.2	0	3.4	0	6.6	0	×									
S6-6																				
试验孔小计		3.50		3.80		4.81		5.56		5.00		6.19		4.81		3.27		4.32		4.74
六横贯	○																			
合计		27.55		28.16		24.36		27.43		30.40		30.79		28.67		26.89		17.80		22.97

图例：—◆— 高位孔小计　—■— 试验孔小计　—×— 合计

纵坐标：$Q/(\mathrm{m^3\cdot min^{-1}})$（0、5、10、15、20、25、30、35）　横坐标：记录次序（1～10）

续表 5.3

日期 参数	9.11 B/m	9.11 Q /m³·min⁻¹	9.12 B/m	9.12 Q /m³·min⁻¹	9.13◆ B/m	9.13◆ Q /m³·min⁻¹	9.14 B/m	9.14 Q /m³·min⁻¹	9.15 B/m	9.15 Q /m³·min⁻¹	9.16 B/m	9.16 Q /m³·min⁻¹	9.17 B/m	9.17 Q /m³·min⁻¹	9.18 B/m	9.18 Q /m³·min⁻¹	9.19◇ B/m	9.19◇ Q /m³·min⁻¹	9.20◇ B/m	9.20◇ Q /m³·min⁻¹
G22	79.0	2.01	82.2	2.65	84.6	2.34	84.6	2.78	89.4	2.17	91.8	2.26	95.0	2.04	98.2	1.93				
G21	54.0	1.91	57.2	1.90	59.6	1.77	59.6	1.82	64.4	1.51	66.8	1.50	70.0	1.28	73.2	1.32				
G20	31.0	15.96	34.2	13.61	36.6	11.45	36.6	9.54	41.4	7.97	43.8	5.06	47.0	4.59	50.2	4.25				
G19	6.0	0.35	9.2	1.69	11.6	5.46	11.6	5.52	16.4	11.12	18.8	11.96	22.0	14.52	25.2	13.83				
G18															0.2	7.40				
高位孔小计		20.24		19.85		21.01		19.66		22.77		20.77		22.42		28.74				
S6-1	33.0	1.84	36.2	1.78	38.6	1.65	38.6	1.91	43.4	1.65	45.8	1.53	49.0	1.59	52.2	1.65				
S6-2	30.0	0.92	33.2	1.09	35.6	0.58	35.6	0.56	×	14 天	31	0.66								
S6-3	27.0	0.76	30.2	1.08	32.6	1.14	32.6	1.14	37.4	1.21	39.8	1.27	43.0	1.40	46.2	1.53				
S6-4					29.6	0.89	29.6	1.02	34.4	1.46	36.8	1.34	40.0	1.27	43.2	1.34				
S6-6									31.4	1.27	33.8	1.14	37.0	1.02	40.2	1.02				
试验孔小计		3.53		3.95		4.27		4.63		5.60		6.55		6.68		7.06				
六槽煤	O																			
合计		23.77		23.80		25.29		24.28		28.36		27.32		29.10		35.80				

Q/m³·min⁻¹

40
35
30
25
20
15
10
5
0

1　2　3　4　5　6　7　8　9　10

记录次序

◆ 高位孔小计　　■ 试验孔小计　　× 合计

续表5.3

日期 参数	9.21 B/m	9.21 Q/m³·min⁻¹	9.22 B/m	9.22 Q/m³·min⁻¹	9.23 B/m	9.23 Q/m³·min⁻¹	9.24 B/m	9.24 Q/m³·min⁻¹	9.25 B/m	9.25 Q/m³·min⁻¹	9.26 B/m	9.26 Q/m³·min⁻¹	9.27 B/m	9.27 Q/m³·min⁻¹	9.28 B/m	9.28 Q/m³·min⁻¹	9.29 B/m	9.29 Q/m³·min⁻¹	9.30 B/m	9.30 Q/m³·min⁻¹
G22	99.8	5.47	103	1.86	104.6	1.73	×	43天	126	4.07	105.8	1.59	109.0	1.58	112.2	1.42	126.2	1.70	×	
G21	74.8	4.72	78	1.31	79.6	1.37	×	35天	104	2.94	80.8	1.20	84.0	1.13	87.2	1.31	101.2	1.35	×	
G20	51.8	10.00	55	3.47	56.6	3.77					57.8	2.67	61.0	2.60	64.2	3.54	78.2	4.28	81.4	5.03
G19	26.8	16.62	30	8.98	31.6	9.74					32.8	7.93	36.0	8.44	39.2	8.88	53.2	9.07	56.4	11.79
G18	1.8	15.73	5	6.27	6.6	4.38					7.8	2.54	11.0	2.62	14.2	2.81	28.2	1.61	31.4	1.82
高位孔小计		52.53		21.88		20.99						15.92		16.37		17.95		18.00		18.63
S6-1	53.8	1.91	57.0	1.21	58.6	1.14					59.8	1.08	63.0	1.14	66.2	1.21	80.2	1.08	83.4	1.34
S6-3	47.8	1.34	51.0	1.34	52.6	1.27					53.8	1.14	57.0	1.59	60.2	1.59	74.2	1.21	77.4	1.46
S6-4	44.8	1.08	48.0	1.27	49.6	1.34					50.8	0.83	54.0	0.95	57.2	0.95	71.2	1.14	74.4	1.40
S6-6	41.8	1.14	45.0	1.21	46.6	0.95					47.8	1.40	51.0	1.40	54.2	1.46	68.2	1.40	71.4	1.21
试验孔小计		5.47		5.02		4.71						4.45		5.09		5.22		4.83		5.41
六横贯	O																			
合计		58.00		26.91		25.70						20.38		21.46		23.16		22.83		24.04

记录次序

—◆— 高位孔小计 —■— 试验孔小计 —✕— 合计

续表 5.3

参数	10.1 B/m	10.1 Q/m³·min⁻¹	10.2 B/m	10.2 Q/m³·min⁻¹	10.3 B/m	10.3 Q/m³·min⁻¹	10.4 B/m	10.4 Q/m³·min⁻¹	10.5 B/m	10.5 Q/m³·min⁻¹	10.6 B/m	10.6 Q/m³·min⁻¹	10.7 B/m	10.7 Q/m³·min⁻¹	10.8 B/m	10.8 Q/m³·min⁻¹	10.9 B/m	10.9 Q/m³·min⁻¹	10.10 B/m	10.10 Q/m³·min⁻¹
G20	82.2	5.15	82.2	4.00	87	3.75	90.2	3.56	93.4	3.18	94.2	3.37	97.4	3.62	99.0	3.50	102.2	3.37	104.6	3.56
G19	57.2	11.58	57.2	8.82	62	7.07	65.2	7.16	68.4	6.81	69.2	7.00	72.4	6.98	74.0	6.47	77.2	8.90	79.6	8.03
G18	32.2	1.67	32.2	1.54	37	1.63	40.2	1.70	43.4	1.72	44.2	1.06	47.4	1.61	49.0	1.53	52.2	1.59	54.6	1.65
G17	7.2	1.14	7.2	1.07	12	5.56	15.2	11.93	18.4	12.72	19.2	6.38	22.4	7.12	24.0	6.30	27.2	5.98	29.6	5.02
G16																			3.6	0.27
高位孔小计		**19.54**		**15.42**		**18.00**		**24.35**		**24.42**		**17.82**		**19.34**		**17.79**		**19.83**		**18.54**
S6-1	84.2	1.34	84.2	1.27	89	1.14	92.2	1.21	×	35天	87	1.33	×	34天	84	1.21				
S6-3	78.2	1.27	78.2	1.14	83	1.27	86.2	1.34	89.4	1.14	90.2	0.64	90.4	0.95	×	25天				
S6-4	75.2	1.27	75.2	1.08	80	1.14	83.2	1.08	86.4	1.08	87.2	1.27	87.4	1.14	×	23天	61	1.15		
S6-6	72.2	1.08	72.2	1.46	77	1.21	80.2	1.21	83.4	1.14	84.2	1.40		0.83			56	1.16		
S5-1									5.4	1.95	6.2	1.65	9.4	1.35	11.0	1.08	14.2	1.53	16.6	1.27
S5-2													6.4		8.0	0.61	11.2	0.49	13.6	0.52
S5-3															5.0	0.24	8.2	0.35	10.6	0.40
S5-4															2.0	0.56	5.2	0.70	7.6	0.70
试验孔小计		**4.96**		**4.96**		**4.77**		**4.83**		**5.32**		**4.96**		**4.28**		**2.49**		**3.06**		**2.90**
五横贯	O																			
合计		**24.50**		**20.39**		**22.77**		**29.19**		**29.74**		**22.78**		**23.61**		**20.29**		**22.89**		**21.44**

图：纵坐标 $Q/\text{m}^3 \cdot \text{min}^{-1}$（0、5、10、15、20、25、30、35）；横坐标 记录次序（1～10）。

图例：◆ 高位孔小计　■ 试验孔小计　× 合计

续表 5.3

日期	10.11		10.12		10.13		10.14		10.15		10.16		10.17		10.18		10.19		10.20	
参数	B/m	Q/m³·min⁻¹	B/m	Q/m³·min⁻¹	B/m	Q/m³·min⁻¹	B/m	Q/m³·min⁻¹	B/m	Q/m³·min⁻¹	B/m	Q/m³·min⁻¹	B/m	Q/m³·min⁻¹	B/m	Q/m³·min⁻¹	B/m	Q/m³·min⁻¹	B/m	Q/m³·min⁻¹
G20	107.0	2.99	109.4	3.12	112.6	3.24	115.0	3.18	119.8	3.05	121.4	2.93	124.6	3.12	126.2	2.35	129.4	2.45	132.6	2.93
G19	82.0	8.36	84.4	8.72	87.6	10.21	90.0	10.12	94.8	7.66	96.4	7.45	99.6	6.29	101.2	6.80	104.4	7.06	107.6	5.03
G18	57.0	1.78	59.4	1.72	62.6	1.91	65.0	1.53	69.8	1.72	71.4	1.97	74.6	2.09	76.2	1.91	79.4	1.78	82.6	1.75
G17	32.0	4.83	34.4	4.26	37.6	3.75	40.0	3.88	44.8	3.24	46.4	3.12	49.6	3.09	51.2	3.51	54.4	3.24	57.6	3.50
G16	6.0	0.17	8.4	0.33	11.6	0.44	14.0	0.74	18.8	0.88	20.4	1.14	23.6	1.48	25.2	1.35	28.4	1.45	31.6	1.56
G15									3.8	0.96	5.4	3.23	8.6	6.55	10.2	8.79	13.4	11.01	16.6	11.05
高位孔小计		18.13		18.14		19.55		19.45		17.52		19.84		22.61		24.72		26.99		26.05
S5-1	19.0	1.53	21.4	1.27	24.6	1.34	27.0	1.21	31.8	1.46	33.4	1.46	36.6	1.26	38.2	1.32	41.4	1.27	44.6	1.21
S5-2	16.0	0.63	18.4	0.67	21.6	0.67	24.0	0.54	28.8	0.58	30.4	0.61	33.6	0.56	35.2	0.40	38.4	0.70	41.6	0.59
S5-3	13.0	0.48	15.4	0.47	18.6	0.53	21.0	0.46	25.8	0.48	27.4	0.47	30.6	0.44	32.2	0.36	35.4	0.48	38.6	0.46
S5-4	10.0	1.00	12.4	1.24	15.6	1.18	18.0	0.89	22.8	0.66	24.4	0.67	27.6	0.58	29.2	0.79	32.4	0.88	35.6	0.67
试验孔小计		3.63		3.66		3.72		3.10		3.18		3.21		2.84		2.87		3.33		2.94
合计		21.76		21.80		23.27		22.55		20.71		23.05		25.44		27.59		30.32		28.98

续表 5.3

日期	10.21		10.22		10.23		10.24		10.25		10.26		10.27		10.28		10.30		10.31	
参数	B/m	$Q/\mathrm{m}^3\cdot\mathrm{min}^{-1}$	B/m	$Q/\mathrm{m}^3\cdot\mathrm{min}^{-1}$	B/m	$Q/\mathrm{m}^3\cdot\mathrm{min}^{-1}$	B/m	$Q/\mathrm{m}^3\cdot\mathrm{min}^{-1}$	B/m	$Q/\mathrm{m}^3\cdot\mathrm{min}^{-1}$	B/m	$Q/\mathrm{m}^3\cdot\mathrm{min}^{-1}$	B/m	$Q/\mathrm{m}^3\cdot\mathrm{min}^{-1}$	B/m	$Q/\mathrm{m}^3\cdot\mathrm{min}^{-1}$	B/m	$Q/\mathrm{m}^3\cdot\mathrm{min}^{-1}$	B/m	$Q/\mathrm{m}^3\cdot\mathrm{min}^{-1}$
G20	135.8	2.39	×	48天	122	5.43														
G19	110.8	3.12	×	42天	108	8.05														
G18	85.8	1.77	89	1.78	92.2	1.72	93.8	1.59	97	1.65	100.2	1.78	102.6	1.53	104	1.65	108.8	1.53	112	1.36
G17	60.8	2.16	64	2.61	67.2	2.56	68.8	2.16	72	1.84	75.2	1.91	77.6	1.61	79	1.97	83.8	2.42	87	2.37
G16	34.8	3.41	38	3.67	41.2	6.79	42.8	8.08	46	9.15	49.2	9.66	51.6	9.56	53	13.36	57.8	7.97	61	6.32
G15	19.8	10.87	23	9.35	26.2	6.55	27.8	6.17	31	4.96	34.2	4.77	36.6	4.52	38	4.45	42.8	3.82	46	3.62
G14					11.2	1.33	12.8	3.51	16	5.51	19.2	6.68	21.6	5.91	23	6.36	27.8	3.18	31	3.24
G13													6.6	1.18	8	2.03	12.8	5.20	16	5.08
G12																			1	2.30
高位孔小计		23.72		17.41		18.95		21.51		23.11		24.80		24.31		29.82		24.12		24.29
S5-1	47.8	1.32	51	1.53	54.2	1.34	55.8	1.40	59	1.46	62.2	1.34	64.6	1.02	66	1.34	70.8	1.27	74	1.59
S5-2	44.8	0.57	48	0.71	51.2	0.58	52.8	0.66	56	0.56	59.2	0.52	61.6	0.37	×	21天	55			
S5-3	41.8	0.59	45	0.70	48.2	0.63	49.8	0.71	53	0.56	56.2	0.61	58.6	0.33	×				68	0.66
S5-4	38.8	0.95	42	1.08	45.2	0.93	46.8	1.18	50	0.75	53.2	0.79	55.6	0.39	×				65	0.62
S5-5									47	0.31	50.2	0.29	52.6	0.16						
S5-6													49.6	1.34	51	1.46	55.8	1.46	59	1.72
试验孔小计		3.43		4.02		3.48		3.95		3.64		3.55		3.61		2.8		2.73		4.59
合计		27.15		21.43		22.43		25.46		26.75		28.35		27.92		32.62		26.85		28.88

图例：
◆ 高位孔小计　■ 试验孔小计　✕ 合计

横坐标：记录次序（1—10）　纵坐标：$Q/\mathrm{m}^3\cdot\mathrm{min}^{-1}$（0、5、10、15、20、25、30、35）

续表 5.3

日期	11.1		11.2		11.3◆		11.4		11.5		11.6		11.7		11.8		11.9		11.10	
参数	B/m	Q /m³·min⁻¹	B/m	Q /m³·min⁻¹	B/m	Q /m³·min⁻¹	B/m	Q /m³·min⁻¹	B/m	Q /m³·min⁻¹	B/m	Q /m³·min⁻¹	B/m	Q /m³·min⁻¹	B/m	Q /m³·min⁻¹	B/m	Q /m³·min⁻¹	B/m	Q /m³·min⁻¹
G18	114.4	1.40	×	46天	114	2.42														
G17	89.4	1.72	×	32天	82	3.97														
G16	63.4	6.42	66.8	6.14	69	5.81	69	6.37	72.2	7.29	75	7.00	78.2	7.84	80.6	6.45	83.8	6.68	87	6.96
G15	48.4	3.58	51.8	3.05	54	3.18	54	3.18	57.2	3.82	60	3.18	63.2	3.50	65.6	3.82	68.8	4.20	72	3.88
G14	33.4	2.93	36.8	2.29	39	1.84	39	2.16	42.2	2.29	45	1.65	48.2	1.59	50.6	1.59	53.8	2.16	57	1.91
G13	18.4	4.51	21.8	3.82	24	3.18	24	3.82	27.2	5.72	30	4.01	33.2	3.88	35.6	3.50	38.8	4.58	42	3.04
G12	3.4	3.74	6.8	5.01	9	5.64	9	5.27	12.2	1.38	15	1.39	18.2	0.78	20.6	0.55	23.8	0.32	27	0.58
G11													3.2	0.06	5.6	0.10	8.8	0.21	12	0.40
高位孔小计		24.30		20.31		19.65		20.80		20.50		17.23		17.64		16.00		18.15		16.76
S5-1	76.4	1.34	79.8	1.40	82	1.27	82	1.34	85.2	1.27	88	1.02	91.2	1.08	93.6	1.02	96.8	1.08	100	1.21
S5-3	70.4	0.63	73.8	0.61	76	0.69	76	0.71	79.2	0.73	82	0.58	85.2	0.61	87.6	0.60	90.8	0.84	94	0.81
S5-5	67.4	0.64	70.8	0.69	73	0.71	73	0.66	76.2	0.82	79	0.86	82.2	0.84	84.6	0.81	87.8	0.79	91	0.88
S5-6	61.4	1.02	64.8	1.59	67	1.72	67	1.65	70.2	1.78	73	1.46	76.2	1.53	78.6	1.59	81.8	0.99	85	1.78
试验孔小计		3.63		4.29		4.39		4.36		4.60		3.92		4.06		4.02		3.71		4.68
合计		27.93		24.60		24.04		25.16		25.10		21.15		21.70		20.01		21.87		21.45

高位孔小计　　──◆──　试验孔小计　　──■──　合计　　──×──

记录次序

$Q/\text{m}^3 \cdot \text{min}^{-1}$

续表 5.3

日期	11.11		11.12		11.13		11.14		11.15		11.16		11.17		11.18		11.19		11.20	
参数	B/m	Q/m³·min⁻¹	B/m	Q/m³·min⁻¹	B/m	Q/m³·min⁻¹	B/m	Q/m³·min⁻¹	B/m	Q/m³·min⁻¹	B/m	Q/m³·min⁻¹	B/m	Q/m³·min⁻¹	B/m	Q/m³·min⁻¹	B/m	Q/m³·min⁻¹	B/m	Q/m³·min⁻¹
G16	90.2	7.98					90.2	6.17	93.4	5.74	96.6	8.12	103.0	6.26					106.2	6.38
G15	75.2	4.39					75.2	4.29	78.4	3.85	81.6	4.45	88.0	4.32					91.2	4.07
G14	60.2	1.84					60.2	1.85	63.4	2.10	66.6	1.97	73.0	1.91					76.2	2.93
G13	45.2	3.94					45.2	2.55	48.4	3.63	51.6	4.45	58.0	2.83					61.2	4.06
G12	30.2	0.68					30.2	0.36	33.4	0.43	36.6	0.60	43.0	0.32					46.2	0.34
G11	15.2	0.81					15.2	1.22	18.4	2.59	21.6	5.97	28.0	1.92					31.2	1.77
G10							0.2	0.26	3.4	0.90	6.6	0.20	13.0	0.50					16.2	0.59
高位孔小计		**19.69**						**16.69**		**19.24**		**25.76**		**18.07**						**20.14**
S5-1	103.2	1.27					×	38天	98	1.31										
S5-3	97.2	0.75					×	36天	92	0.56										
S5-5	94.2	0.86					×	13天	27	0.78										
S5-6	88.2	1.54					×	17天	39	1.51										
试验孔小计		**4.42**						**1.17**		**1.33**										
四横贯							17.8		21		24.2	0.31	30.6	6.48					33.8	2.05
合计		**24.11**						**17.86**		**20.57**		**26.07**		**24.55**						**22.19**

Q/m³·min⁻¹（纵坐标 0、5、10、15、20、25、30）　记录次序（横坐标 1~10）

—◆— 高位孔小计　—■— 试验孔小计　—▲— 四横贯　—×— 合计

续表 5.3

日期	11.21		11.22		11.23		11.24		11.25		11.26		11.27		11.28		11.29		11.30	
参数	B/m	$Q/m^3 \cdot min^{-1}$	B/m	$Q/m^3 \cdot min^{-1}$	B/m	$Q/m^3 \cdot min^{-1}$	B/m	$Q/m^3 \cdot min^{-1}$	B/m	$Q/m^3 \cdot min^{-1}$	B/m	$Q/m^3 \cdot min^{-1}$	B/m	$Q/m^3 \cdot min^{-1}$	B/m	$Q/m^3 \cdot min^{-1}$	B/m	$Q/m^3 \cdot min^{-1}$	B/m	$Q/m^3 \cdot min^{-1}$
G16	109.4	6.04			115	5.84	117.4	5.14	×	46天	114	5.45								
G15	94.4	4.33			100	4.24	102.4	4.73	×	41天	99	4.99								
G14	79.4	2.86			85	1.95	87.4	1.59	89.2	1.85	91	4.39	94.2	3.43	97.4	6.45	99.8	6.54	100.6	6.23
G13	64.4	3.41			70	2.85	72.4	2.58	74.2	3.01	76	3.51	79.2	3.14	82.4	1.97	84.8	4.79	85.6	4.86
G12	49.4	0.36			55	0.40	57.4	0.39	59.2	0.40	61	0.31	64.2	0.25	67.4	0.07	69.8	0.15	70.6	0.07
G11	34.4	1.73			40	1.68	42.4	1.44	44.2	1.49	46	1.47	49.2	1.22	52.4	1.23	54.8	1.43	55.6	1.37
G10	19.4	1.79			25	2.34	27.4	1.81	29.2	1.78	31	0.95	34.2	1.01	37.4	1.93	39.8	2.59	40.6	2.05
G9	4.4	0.15			10	2.15	12.4	2.86	14.2	5.93	16	6.33	19.2	7.28	22.4	5.01	24.8	3.78	25.6	3.20
G8									-0.8	0.09	1	0.30	4.2	0.43	7.4	0.96	9.8	1.08	10.6	0.74
高位孔小计	37	20.67			42.6	21.45	45	20.53	46.8	14.54	48.6	17.27	51.8	16.76	55	17.62	57.4	20.35		18.52
四横贯		2.52				2.52		2.46		3.96		3.42		4.84		5.06		5.40	58.2	5.32
合计		23.19				23.97		22.99		18.5		20.69		21.6		22.68		25.75		23.84

图例：◆ 高位孔小计　■ 四横贯　× 合计　横坐标 记录次序　纵坐标 $Q/m^3 \cdot min^{-1}$

续表 5.3

日期	12.1		12.2		12.3		12.4		12.5		12.6		12.7		12.8		12.9		12.10	
参数	B/m	$Q/\mathrm{m^3\cdot min^{-1}}$	B/m	$Q/\mathrm{m^3\cdot min^{-1}}$	B/m	$Q/\mathrm{m^3\cdot min^{-1}}$	B/m	$Q/\mathrm{m^3\cdot min^{-1}}$	B/m	$Q/\mathrm{m^3\cdot min^{-1}}$	B/m	$Q/\mathrm{m^3\cdot min^{-1}}$	B/m	$Q/\mathrm{m^3\cdot min^{-1}}$	B/m	$Q/\mathrm{m^3\cdot min^{-1}}$	B/m	$Q/\mathrm{m^3\cdot min^{-1}}$	B/m	$Q/\mathrm{m^3\cdot min^{-1}}$
G14	×	39 天	89	3.15	95.6	5.22			99.6	5.57	102	5.87	×	41 天	95	3.81				
G13	90	3.95			80.6	0.15			84.6	1.88	87	1.03	89.4	2.14	92.6	2.12				
G12	75	0.26			65.6	1.26			69.6	1.46	72	1.34	74.4	1.71	77.6	1.91	95	0.14		
G11	60	2.22			50.6	1.97			54.6	2.86	57	2.32	59.4	2.75	62.6	2.54	80	1.34		
G10	45	3.61			35.6	4.32			39.6	2.73	42	2.93	44.4	3.80	47.6	3.19	65	0.22		
G9	30	4.17			20.6	0.10			24.6	1.54	27	1.47	29.4	1.53	32.6	1.58	50	2.97		
G8	15	0.95			5.6	0.08			9.6	0.58	12	0.37	14.4	1.06	17.6	2.58	35	1.24		
G7																	20	2.92		
G6																	5	9.11		
高位孔小计		15.16				13.10				16.62		15.33		12.98		13.92		17.93		
四横贯	62.6	5.20			68.2	4.56			72.2	6.40	74.6	6.12	77	5.76	80.2	7.26	82.6	7.92		
合计		20.36				17.66				23.02		21.45		18.74		21.18		25.85		

纵轴：$Q/\mathrm{m^3\cdot min^{-1}}$（0、5、10、15、20、25、30）
横轴：记录次序（1～10）
图例：—◆— 高位孔小计　—■— 四横贯　—×— 合计

续表 5.3

日期	12.11		12.12		12.13		12.14		12.15		12.16		12.17		12.18		12.19		12.20	
参数	B/m	Q/m³·min⁻¹	B/m	Q/m³·min⁻¹	B/m	Q/m³·min⁻¹	B/m	Q/m³·min⁻¹	B/m	Q/m³·min⁻¹	B/m	Q/m³·min⁻¹	B/m	Q/m³·min⁻¹	B/m	Q/m³·min⁻¹	B/m	Q/m³·min⁻¹	B/m	Q/m³·min⁻¹
G12	×	41天	94	1.21															×	43天
G11	86.4	3.61			91.2	3.61					95.2	2.15	98.4	1.65	101.6	0.96	104	0.91	×	36天
G10	71.4	1.12			76.2	2.70					80.2	1.16	83.4	0.92	86.6	0.93	89	0.92	×	3.43
G9	56.4	3.38			61.2	3.12					65.2	2.97	68.4	1.73	71.6	2.77	74	2.67	73.2	3.43
G8	41.4	0.90			46.2	0.83					50.2	0.76	53.4	0.56	56.6	0.71	59	0.66	58.2	0.61
G7	26.4	2.23			31.2	2.17					35.2	1.65	38.4	1.66	41.6	1.46	44	1.52	43.2	0.94
G6	11.4	7.71			16.2	8.99					20.2	5.88	23.4	0.98	26.6	0.87	29	0.73	28.2	2.44
G5					1.2	1.81					5.2	2.88	8.4	11.32	11.6	10.48	14	11.65	13.2	11.05
高位孔小计		18.95				23.23						17.45		18.82		18.18		19.06		18.47
四横贯	89	7.04			93.8	4.00					97.8	6.40	101	5.20	104.2	5.40	106.6	5.00	×	36天
三横贯																			29.5	1.62
合计		25.99				27.23						23.85		24.02		23.58		24.06		20.09

纵轴：Q/m³·min⁻¹（0 5 10 15 20 25 30）　横轴：记录次序（1~10）

图例：◆ 高位孔小计　■ 四横贯　▲ 三横贯　× 合计

续表 5.3

日期	12.21		12.22		12.23		12.24		12.25		12.26		12.27		12.28		12.29		12.31	
参数	B/m	Q/(m³·min⁻¹)	B/m	Q/(m³·min⁻¹)	B/m	Q/(m³·min⁻¹)	B/m	Q/(m³·min⁻¹)	B/m	Q/(m³·min⁻¹)	B/m	Q/(m³·min⁻¹)	B/m	Q/(m³·min⁻¹)	B/m	Q/(m³·min⁻¹)	B/m	Q/(m³·min⁻¹)	B/m	Q/(m³·min⁻¹)
G11	101	1.63													×	37天	95	3.31		
G10	89	1.58																		
G9	80.4	3.32	83.6	2.99	86.8	3.45	90.0	2.10	92.4	2.06	95.6	2.27	99.6	2.16						
G8	65.4	1.04	68.6	1.06	71.8	1.23	75.0	0.82	77.4	0.47	80.6	0.50	84.6	0.45	89.4	0.45	94.8	0.30	102.8	0.28
G7	50.4	0.96	53.6	1.17	56.8	1.13	60.0	0.77	62.4	0.60	65.6	0.62	69.6	0.56	74.4	0.65	79.8	0.57	87.8	0.72
G6	35.4	2.82	38.6	2.68	41.8	2.95	45.0	2.07	47.4	1.67	50.6	1.86	54.6	1.74	59.4	1.94	64.8	1.86	72.8	1.78
G5	20.4	14.21	23.6	13.14	26.8	14.02	30.0	12.41	32.4	5.49	35.6	5.17	39.6	4.82	44.4	4.93	49.8	4.70	57.8	3.87
G4			8.6	2.04	11.8	2.49	15.0	6.73	17.4	7.03	20.6	7.52	24.6	7.61	29.4	7.05	34.8	7.13	42.8	6.46
G3											5.6	1.95	9.6	4.68	14.4	7.66	19.8	6.73	27.8	5.28
G2													-5.4	0.02	-0.6	0.75	4.8	0.78	12.8	2.55
高位孔小计	89	22.35		23.08		25.27		24.9		17.32		19.89		22.04		23.43		22.06		20.94
四横贯		4.56																		
三横贯	28.7	2.88	31.9	3.06	35.1	2.88	42.3	2.7	44.7	2.47	47.9	2.97	51.9	5.18	56.7	4.18	62.1	4.94	70.1	5.2
合计		25.23		26.14		28.15		27.6		19.79		22.86		27.22		27.61		27.00		26.14

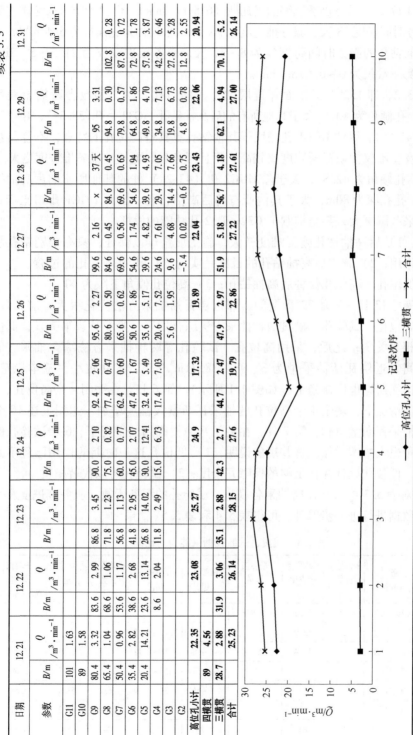

图例：—◆— 高位孔小计　　—■— 三横贯　　—×— 合计
横坐标：记录次序　　纵坐标：Q/m³·min⁻¹

注：1. B 为与采煤工作面煤壁距离，m；Q 为抽采瓦斯纯量，m³/min。

2. HGC1 表示后高抽一号孔；D32 表示 32 号低位孔；C29 表示当日停产；S9-1 表示九横贯一号试验孔。

3. ◇表示阀门从未开启；×表示当日停抽；◆表示当日服务天数，服务推进度和服务期间平均抽采量，m³/min，其后三栏依次为该孔服务天数，服务推进度和服务期间平均抽采量，m³/min，个别孔从未开抽，服务推进度、服务期间平均抽采量一目了然，故只标出服务期间平均抽采量。

用，到 7 月 17 日，虽然仍然能够抽出瓦斯（$6.89m^3/min$），但出于防灭火考虑才予关闭。服务时间跨度 28 天，服务推进度为 96.1m，平均抽采瓦斯量为 $5.44m^3/min$。其他后高抽钻孔的服务时间跨度仅为 8～12 天，服务推进度仅为 21.5～37.2m，平均抽采瓦斯量仅为 0～$0.69m^3/min$。

从表 3.2，即 15201 工作面邻近层钻孔（倾斜孔）竣工验收台账摘录表可知，HGC1 孔倾角为 40°，大于其他所有的后高抽钻孔、G32 号孔(38.5°)，略小于 G31 号孔(41.5°)，因此 HGC1 孔相比于其他钻孔更具备高位孔的特点，不容易被冒落带波及，不仅抽采瓦斯浓度比较高，而且服务时间更长、服务推进度更大。

HGC1 孔倾角为 42.8°，大于除 HGC2 孔（43.2°）外的其他所有的后高抽钻孔；HGC1 孔孔深为 80m，大于其他所有的后高抽钻孔。因此 HGC1 孔相比于其他钻孔抽采范围更大，甚至抑制了 G32、D32 孔功能的发挥。

结论：1）后高抽钻孔施工难度较大，施工质量难以保证，只有个别钻孔能发挥重要作用；2）施工后高抽钻孔的目的是实现低位孔到高位孔的过渡，可以分别施工低位孔、高位孔代替后高抽钻孔；3）高位孔倾角下限为 40°。

（2）7 月 13 日～7 月 22 日期间，邻近层瓦斯抽采方法变化很大：前 5 日，低位孔、高位孔、试验孔、横贯四种抽采方法综合抽采；第 6 日、第 7 日，低位孔、横贯相继关闭；之后，采用高位孔、试验孔等两种抽采方法综合抽采。但是，此期间邻近层瓦斯抽采量为 32.08～$38.71m^3/min$，波动较小，基本稳定，工作面风排瓦斯量也保持稳定（如图 4.1 所示）。第 6 日，在关闭 4 个高位孔、2 个低位孔的情况下，剩余 4 个高位孔的抽采瓦斯量大幅度增加，达到上述 10 个钻孔日前抽采瓦斯量总和；第 7 日，在关闭八横贯阀门的情况下，6 个试验孔的抽采瓦斯量也大幅度增加。这些现象说明：1）低位孔这一时期的作用已经不是不可取代，低位孔设计存在足够的保障冗余度；2）试验孔可以代替横贯。

（3）对表 5.3 中参与瓦斯抽采各横贯、试验孔的服务天数、服务推进度及平均抽采量数据进行进一步整理，可得表 5.4 和表 5.5。

表 5.4　横贯、试验孔抽采能力对比表

横贯	服务时间段	平均服务天数/d	平均服务推进度/m	平均抽采量/$m^3 \cdot min^{-1}$	试验孔（组）	服务时间段	平均服务天数/d	平均服务推进度/m	平均抽采量/$m^3 \cdot min^{-1}$
十横贯	6.16～7.7	22	79.2	9.93					
九横贯	7.8～7.12	5	12.9	2.81	S9-1～S9-6	7.11～7.12	2	3.2	2.88
八横贯	7.13～7.18	6	12.4	2.40	S8-1～S8-6	7.13～8.11	26.7	67.3	5.20
七横贯	未启用				S7-1～S7-6	8.6～9.7	21.2	57.7	3.69
六横贯	未启用				S6-1～S6-6	8.31～10.7	26.2	63.9	5.51
五横贯	未启用				S5-1～S5-6	10.5～11.14	25.0	62.2	4.77
四横贯	11.14～12.18	35	81	4.54	平均		24	61	4.66

表 5.5 试验孔抽采能力统计表

组别	孔号	服务天数/d	服务推进度/m	平均抽采量/m³·min⁻¹
第一组	S8-1	25	64	0.59
	S8-2	25	64	0.99
	S8-3	29	75	1.27
	S8-4	29	75	1.34
	S8-5	25	63	0.50
	S8-6	26	63	0.51
	平均	**27**	**67**	**0.87**
第二组	S7-1	16	44	0.12
	S7-2	16	44	0.16
	S7-3	28	81	1.45
	S7-4	22	58	0.31
	S7-5	25	69	1.37
	S7-6	20	50	0.28
	平均	**21**	**58**	**0.62**
第三组	S6-1	35	87	1.33
	S6-2	14	31	0.66
	S6-3	34	84	1.21
	S6-4	25	61	1.15
	S6-5	3	6.4	0
	S6-6	23	56	1.16
	平均	**22**	**54**	**0.92**
第四组	S5-1	38	98	1.31
	S5-2	21	55	0.61
	S5-3	36	92	0.56
	S5-4	10	17	0.08
	S5-5	13	27	0.78
	S5-6	17	39	1.51
	平均	**23**	**55**	**0.81**
平均		**23**	**58**	**0.80**

从表 5.4 可以看出,十横贯服务天数、服务推进度、平均抽采量等三项指标均为最优。通过前节的分析可知,十横贯在初采期及初采后期发挥了不可代替的作用,因此必须保留初采横贯。

S9-1～S9-6 试验孔启用两天就关闭、同时启用八横贯，试验孔抽采试验不完整，不能真实反映试验孔抽采能力，因此不作深入分析。

九横贯、八横贯的相关抽采数据表明，并不是所有的横贯都能达到比较好的抽采效果。如果说试验孔 S9-1～S9-6 对九横贯的抽采造成竞争、试验孔 S8-1～S8-6 对九横贯的抽采造成竞争，那么试验孔的抽采效果更好、竞争力更强。

七横贯、六横贯、五横贯完全未启用，完全依靠 S7-1～S7-6、S6-1～S6-6、S5-1～S5-6 三组试验孔，也取得了比较好的抽采效果。相反，四横贯外没有再施工试验孔，工作面推进通过四横贯 37m 后，回风隅角瓦斯开始增大，于是将四横贯启用。将四横贯与三组试验孔相关数据作对比，发现抽采效果非常接近，可见横贯与试验孔相互代替是完全可行的。两者的区别是，如果采用横贯，横贯间距可以达到 80m；如果采用钻孔，每组钻孔间距可以达到 60m。显然，后者更经济并且容易封堵，更有利于防灭火。

从表 5.5 可以看出，试验孔平均服务天数为 23 天，平均服务推进度为 58m。由此可知，如果采用试验孔代替横贯，每组试验孔的间距应为 60m 左右。

试验过程中也发现，个别试验孔抽采效果很差，如 S7-1、S7-2、S6-5、S5-4，现场发现这些孔所在区域回风隅角顶板支护退锚不到位，导致钻孔未贯通冒落区。因此，今后类似钻孔应适当加大孔深，确保钻孔贯通冒落区。

（4）对表 5.3 中高位孔、低位孔的服务天数、服务推进度及平均抽采量数据进行进一步整理，可得表 5.6。从表 5.6 可以看出，总抽采量排序在前 10 位的全部为高位孔，总抽采量排序在第 11～20 位的主要为高位孔，低位孔总抽采量排序主要集中在后 10 位；总抽采量排序靠前的钻孔倾角应保持在 48° 左右。

表 5.6 高位孔、低位孔总抽采量排序表

序号	钻孔编号	服务天数/d	服务推进度/m	平均抽采量/$m^3 \cdot min^{-1}$	总抽采量/m^3	倾角/(°)	孔深/m
1	G25	53	143	10.17	776174	46.5	81
2	G19	42	108	8.05	486864	50	70
3	G20	48	122	5.63	389146	50	70
4	G26	48	134	5.43	375322	47	70
5	G16	46	114	5.45	361008	52	63
6	G15	41	99	5.19	306418	50.5	69
7	G24	49	129	3.81	268834	48	74
8	G22	43	126	4.07	252014	48	74
9	G13	41	95	3.97	234389	50	69
10	G23	32	92	4.99	229939	48	76
小计		**44**	**116**	**5.68**	**368011**	**49**	**72**

序号	钻孔编号	服务天数 /d	服务推进度 /m	平均抽采量 /m³·min⁻¹	总抽采量 /m³	倾角 /(°)	孔深 /m
11	HGC1	28	96.1	5.44	219341		
12	D31	28	96.1	5.26	212083	37	53
13	G18	46	114	2.87	190109	50	85
14	G27	40	109	3.25	187200	41.5	83
15	G9	37	95	3.31	176357	48	80
16	G14	39	89	2.94	165110	50.5	66
17	G17	32	82	3.15	145152	51	75
18	G21	35	104	2.74	138096	48	81
19	G11	42	93	2.05	123984	50	64
20	G30	28	96.1	2.42	97574	45.5	56
小计		**36**	**97**	**3.34**	**165501**	**47**	**71**
21	G12	41	94	1.61	95054	50	66
22	G27-1	33	101	1.92	91238	48.5	72
23	G10	35	81	1.66	83664	49	67
24	G32	28	96.1	1.33	53626	38.5	53
25	D30	20	64	1.67	48096	41.5	53
26	G29	26	89.7	1.21	45302	45	57
27	G31	20	64	1.56	44928	41.5	53
28	G8	37	104	0.79	42092	48.5	72
29	G28	18	60	1.15	29808	45	57
30	D29	18	60	1.00	25920	41	53
31	D28	25	81.1	0.63	22680	41	87
32	HGC2	12	37.2	0.69	11923	37	77
33	D32	20	64	0.39	11232	34	53
小计		**26**	**77**	**1.20**	**46582**	**43**	**63**
平均		**34(N)**	**95(D)**	**3.21(R)**	**180021**	**45**	**66**

注：N—天数；D—距离；R—平均值。

（5）表5.6中平均值的工程意义：34(N)的工程意义是一个钻孔大致可以服务的时间是34天，95(D)的工程意义是一个钻孔大致可以服务的推进度是95m。34(N)、95(D)工程意义本质相同，区别在于34(N)属于时间范畴，而95(D)属于空间范畴。3.21(R)的工程意义在于，可以根据采煤工作面邻近层瓦斯涌出量估算钻孔布置密度。

示例：比如某采煤工作面邻近层瓦斯涌出量预测值(Q)为32.1m³/min，试估算瓦斯抽采钻孔间距（d）。

$$d = D/(Q/R) = D \cdot R/Q, d = 95 \times 3.21/32.1 = 9.5 \text{（m）}$$

瓦斯抽采钻孔间距应取9.5m。

（6）最大抽采瓦斯纯量（Q_{max}）、钻孔与采煤工作面煤壁距离（B）的关系：从表5.3可以看出，各钻孔抽采瓦斯纯量（Q）随采煤工作面煤壁推进进度（B）而变化。经整理，得抽采瓦斯量与工作面推进度关系表，如表5.7所示。

表5.7　钻孔抽采瓦斯量与工作面推进度关系表

G27-1		G27		G26		G25		G24		G23		G22	
B/m	Q/m³·min⁻¹	B/m	Q/m³·min⁻¹	B/m	Q/m³·min⁻¹	B/m	Q/m³·min⁻¹	B/m	Q/m³·min⁻¹	B/m	Q/m³·min⁻¹	B/m	Q/m³·min⁻¹
4	0.42	-8	0.13	-15.2	0.09	-1.1	0.06	-12.2	0.09	2.9	2.43	0.4	1.43
6.1	0.72	-5.9	0.1	-9.8	0.38	1.3	0.16	-8.6	0.08	6.1	19.71	2	3.46
8.5	1.8	-3.5	0.04	-6.6	0.6	3.7	0.18	-5.4	0.09	8.5	16.51	5.2	12.99
15	2.07	3	0.2	-3.4	0.41	6.9	0.52	-2.2	0.17	11.7	13.72	8.4	17.81
18.2	2.77	6.2	3.21	-0.2	0.36	10.1	2.24	1	0.24	17.3	12.78	10.8	17.24
21.8	1.69	9.8	4.85	3	0.65	12.8	5.65	3	0.59	22.7	14.1	15.6	14.37
27.2	0.88	15.2	11	6.2	0.78	16.4	13.3	4.2	0.23	25.4	11.61	18.8	12.97
30.4	2.25	18.4	8.81	14.3	2.57	19.6	14.6	5.7	1.09	27	5.02	22	8.01
33.6	1.32	21.6	5.17	17.5	3.41	22.8	16.27	8.4	5.29	30.2	3.43	25.2	5.98
36.8	2.14	24.8	5.36	20.7	6.03	26	17.17	10.8	10.61	33.4	2.73	27.6	4.83
40	1.84	28	6.18	23.9	10.3	28	16.48	12.4	11.07	35.8	2.61	30.8	1.65
43.2	1.66	31.2	4.51	26.3	11.57	29.2	16.26	14.8	10.27	40.6	2.73	32.4	2.58
51.3	2.02	39.3	6.35	28.7	15.62	30.7	17.12	18	11.17	43.8	2.61	36.4	3.1
54.5	1.41	42.5	5.36	31.9	19.6	33.4	14.01	20.4	7.37	47	2.73	39.6	2.49
57.7	1.88	45.7	2.64	35.1	19.9	35.8	8.41	23.1	7.96	50.2	3.31	42.8	2.89
60.9	1.28	48.9	2.64	37.8	11.1	37.9	8.11	25.5	7.82	52.6	3.24	45.2	3.09
63.3	1.09	51.1	3.46	41.4	8	39.8	8.48	27.9	6.3	55.8	2.54	47.6	2.81
65.7	2.97	53.7	4.76	44.6	7.79	43	9.04	31.1	3.94	57.4	2.48	50.8	2.74
68.9	4.94	56.9	6.3	47.8	7.59	45.4	11.15	33.5	2.94	61.4	2.73	53.2	3.38
72.1	4.19	60.1	6.04	51	8.25	48.1	11.83	36.7	2.21	64.6	3.75	56.4	3.08
74.8	3.11	62.8	4.91	53	7.33	50.5	16.25	42.3	2.24	67.8	4.83	58.2	2.3
78.4	2.69	66.4	2.55	54.2	9.03	52.9	16.47	44.7	2.48	70.2	5.09	61.4	1.94
81.6	2.7	69.6	2.48	55.7	7.81	56.1	11.27	47.4	2.6	72.6	4.61	64.6	1.94

续表5.7

G27-1		G27		G26		G25		G24		G23		G22	
B /m	Q /m³·min⁻¹	B /m	Q /m³·min⁻¹	B /m	Q /m³·min⁻¹	B /m	Q /m³·min⁻¹	B /m	Q /m³·min⁻¹	B /m	Q /m³·min⁻¹	B /m	Q /m³·min⁻¹
84.8	2.28	72.8	2.34	58.4	7.25	58.5	13.47	49	2.27	75.8	4.58	67	1.48
88	1.8	76	2.29	60.8	5.74	61.7	9.45	52.2	2.35	78.2	4.71	70.2	1.44
90	1.95	78	2.46	62.4	5.16	67.3	10.95	55.4	1.61	81.4	4.77	70.2	1.37
91.2	1.9	79.2	2.36	64.8	5.28	69.7	10.77	57.8	1.33	83.2	3.8	71	1.76
92.7	1.27	80.7	2.67	68	4.15	72.4	12.15	62.6	1.27	86.4	4.29	75.8	2.14
95.4	1.19	83.4	2.53	70.4	5.36	74	14.18	65.8	1.35	89.6	4.55	79	2.01
97.8	1.44	85.8	2.32	73.1	6.45	77.2	10.88	69	1.47	92	2.79	82.2	2.65
99.4	1.34	87.4	2.36	75.5	5.68	80.4	10.2	72.2	1.85	95.2	2.68	84.6	2.34
101.8	1.44	89.8	2.39	77.9	5.13	82.8	9.54	74.6	1.96	95.2	2.74	84.6	2.78
105	0.87	93	2.05	81.1	2.74	87.6	9.88	86.6	2.45			89.4	2.17
		95.4	2.21	83.5	2.78	90.8	10.93	89.8	4.05			91.8	2.26
		98.1	2.64	86.7	2.64	94	12.69	92.2	4.11			95	2.04
		100.5	2.12	92.3	3.14	97.2	12.26	94.6	2.76			98.2	1.93
		102.9	2.25	94.7	3.31	99.6	12.32	97.8	3.4			99.8	5.47
				97.4	3.42	102.8	11.27	100.2	3.57			103	1.86
				99	3.64	104.4	9.41	103.4	3.76			104.6	1.73
				102.2	3.05	108.4	9.63	105.2	3.04				
				105.4	2.57	111.6	8.04	108.4	3				
				107.8	2.32	114.8	10.39	111.6	3.17				
				112.6	2.02	117.2	10.04	114	2.01				
				115.8	2.04	119.6	8.51	117.2	2.13				
				119	2.05	122.8	10.37						
				122.2	1.91	125.2	10.37						
				124.6	1.98	128.4	10.21						
						130.2	8.76						
						133.4	8.37						
						136.6	8.65						
						139	6.59						
						142.2	6.48						
						142.2	7.08						

续表5.7

G21		G20		G19		G18		G17		G16		G15	
B/m	Q/m³·min⁻¹	B/m	Q/m³·min⁻¹	B/m	Q/m³·min⁻¹	B/m	Q/m³·min⁻¹	B/m	Q/m³·min⁻¹	B/m	Q/m³·min⁻¹	B/m	Q/m³·min⁻¹
-3	0.6	13.4	2.96	2.8	0.29	0.2	7.4	7.2	1.14	3.6	0.27	3.8	0.96
0.2	1.04	16.6	5.77	6	0.35	1.8	15.73	7.2	1.07	6	0.17	5.4	3.23
2.6	2.36	19	10.61	9.2	1.69	5	6.27	12	5.56	8.4	0.33	8.6	6.55
5.8	8.9	22.2	10.06	11.6	5.46	6.6	4.38	15.2	11.93	11.6	0.44	10.2	8.79
7.4	11.7	22.2	9.03	11.6	5.52	7.8	2.54	18.4	12.72	14	0.74	13.4	11.01
11.4	10.73	23	10.17	16.4	11.12	11	2.62	19.2	6.38	18.8	0.88	16.6	11.05
14.6	7.89	27.8	13.61	18.8	11.96	14.2	2.81	22.4	7.12	20.4	1.14	19.8	10.87
17.8	6.47	31	15.96	22	14.52	28.2	1.61	24	6.3	23.6	1.48	23	9.35
20.2	6.48	34.2	13.61	25.2	13.83	31.4	1.82	27.2	5.98	25.2	1.35	26.2	6.55
22.6	5.64	36.6	11.45	26.8	16.62	32.2	1.67	29.6	5.02	28.4	1.45	27.8	6.17
25.8	2.42	36.6	9.54	30	8.98	32.2	1.54	32	4.83	31.6	1.56	31	4.96
28.2	2.02	41.4	7.97	31.6	9.74	37	1.63	34.4	4.26	34.8	3.41	34.2	4.77
31.4	2.54	43.8	5.06	32.8	7.93	40.2	1.7	37.6	3.75	38	3.67	36.6	4.52
33.2	1.65	47	4.59	36	8.44	43.4	1.72	40	3.88	41.2	6.79	38	4.45
36.4	1.31	50.2	4.25	39.2	8.88	44.2	1.06	44.8	3.24	42.8	8.08	42.8	3.82
39.6	1.32	51.8	10	53.2	9.07	47.4	1.61	46.4	3.12	46	9.15	46	3.62
42	1.13	55	3.47	56.4	11.79	49	1.53	49.6	3.09	49.2	9.66	48.4	3.58
45.2	1.19	56.6	3.77	57.2	11.58	52.2	1.59	51.2	3.51	51.6	9.56	51.8	3.05
45.2	1.26	57.8	2.67	57.2	8.82	54.6	1.65	54.4	3.24	53	13.36	54	3.18
46	1.55	61	2.6	62	7.07	57	1.78	57.6	3.5	57.8	7.97	54	3.18
50.8	2.19	64.2	3.54	65.2	7.16	59.4	1.72	60.8	2.16	61	6.32	57.2	3.82
54	1.91	78.2	4.28	68.4	6.81	62.6	1.91	64	2.61	63.4	6.42	60	3.18
57.2	1.9	81.4	5.03	69.2	7	65	1.53	67.2	2.56	66.8	6.14	63.2	3.5
59.6	1.77	82.2	5.15	72.4	6.98	69.8	1.72	68.8	2.16	69	5.81	65.6	3.82
59.6	1.82	82.2	4	74	6.47	71.4	1.97	72	1.84	69	6.37	68.8	4.2
64.4	1.51	87	3.75	77.2	8.9	74.6	2.09	75.2	1.91	72.2	7.29	72	3.88
66.8	1.5	90.2	3.56	79.6	8.03	76.2	1.91	77.6	1.61	75	7	75.2	4.39
70	1.28	93.4	3.18	82	8.36	79.4	1.78	79	1.97	78.2	7.84	75.2	4.29
73.2	1.32	94.2	3.37	84.4	8.72	82.6	1.75	83.8	2.42	80.6	6.45	78.4	3.85

G21		G20		G19		G18		G17		G16		G15	
B/m	Q/m³·min⁻¹	B/m	Q/m³·min⁻¹	B/m	Q/m³·min⁻¹	B/m	Q/m³·min⁻¹	B/m	Q/m³·min⁻¹	B/m	Q/m³·min⁻¹	B/m	Q/m³·min⁻¹
74.8	4.72	97.4	3.62	87.6	10.21	85.8	1.77	87	2.37	83.8	6.68	81.6	4.45
78	1.31	99	3.5	90	10.12	89	1.78	89.4	1.72	87	6.96	88	4.32
79.6	1.37	102.2	3.37	94.8	7.66	92.2	1.72			90.2	7.98	91.2	4.07
		104.6	3.56	96.4	7.45	93.8	1.59			90.2	6.17	94.4	4.33
		107	2.99	99.6	6.29	97	1.65			93.4	5.74	100	4.24
		109.4	3.12	101.2	6.8	100.2	1.78			96.6	8.12	102.4	4.73
		112.6	3.24	104.4	7.06	102.6	1.53			103	6.26		
		115	3.18	107.6	5.03	104	1.65			106.2	6.38		
		119.8	3.05	110.8	3.12	108.8	1.53			109.4	6.04		
		121.4	2.93			112	1.36			115	5.84		
		124.6	3.12			114.4	1.4			117.4	5.14		
		126.2	2.35										
		129.4	2.45										
		132.6	2.93										
		135.8	2.39										

G14		G13		G12		G11		G10		G9		G8	
B/m	Q/m³·min⁻¹	B/m	Q/m³·min⁻¹	B/m	Q/m³·min⁻¹	B/m	Q/m³·min⁻¹	B/m	Q/m³·min⁻¹	B/m	Q/m³·min⁻¹	B/m	Q/m³·min⁻¹
11.2	1.33	6.6	1.18	1	2.3	3.2	0.06	0.2	0.26	4.4	0.15	-0.8	0.09
12.8	3.51	8	2.03	3.4	3.74	5.6	0.10	3.4	0.9	10	2.15	1	0.30
16	5.51	12.8	5.20	6.8	5.01	8.8	0.21	6.6	0.2	12.4	2.86	4.2	0.43
19.2	6.68	16	5.08	9	5.64	12	0.40	13	0.5	14.2	5.93	7.4	0.96
21.6	5.91	18.4	4.51	9	5.27	15.2	0.81	16.2	0.59	16	6.33	9.8	1.08
23	6.36	21.8	3.82	12.2	1.38	15.2	1.22	19.4	1.79	19.2	7.28	10.6	0.74
27.8	3.18	24	3.18	15	1.39	18.4	2.59	25	2.34	22.4	5.01	15	0.95
31	3.24	24	3.82	18.2	0.78	21.6	5.97	27.4	1.81	24.8	3.78	20.6	0.10
33.4	2.93	27.2	5.72	20.6	0.55	28	1.92	29.2	1.78	25.6	3.2	24.6	1.54
36.8	2.29	30	4.01	23.8	0.32	31.2	1.77	31	0.95	30	4.17	27	1.47
39	1.84	33.2	3.88	27	0.58	34.4	1.73	34.2	1.01	35.6	4.32	29.4	1.53

G14		G13		G12		G11		G10		G9		G8	
B /m	Q /m³·min⁻¹	B /m	Q /m³·min⁻¹	B /m	Q /m³·min⁻¹	B /m	Q /m³·min⁻¹	B /m	Q /m³·min⁻¹	B /m	Q /m³·min⁻¹	B /m	Q /m³·min⁻¹
39	2.16	35.6	3.50	30.2	0.68	40	1.68	37.4	1.93	39.6	2.73	32.6	1.58
42.2	2.29	38.8	4.58	30.2	0.36	42.4	1.44	39.8	2.59	42	2.93	35	1.24
45	1.65	42	3.04	33.4	0.43	44.2	1.49	40.6	2.05	44.4	3.8	41.4	0.90
48.2	1.59	45.2	3.94	36.6	0.6	46	1.47	45	3.61	47.6	3.19	46.2	0.83
50.6	1.59	45.2	2.55	43	0.32	49.2	1.22	50.6	1.97	50	2.97	50.2	0.76
53.8	2.16	48.4	3.63	46.2	0.34	52.4	1.23	54.6	2.86	56.4	3.38	53.4	0.56
57	1.91	51.6	4.45	49.4	0.36	54.8	1.43	57	2.32	61.2	3.12	56.6	0.71
60.2	1.84	58	2.83	55	0.4	55.6	1.37	59.4	2.75	65.2	2.97	58.2	0.61
60.2	1.85	61.2	4.06	57.4	0.39	60	2.22	62.6	2.54	68.4	1.73	59	0.66
63.4	2.10	64.4	3.41	59.2	0.4	65.6	1.26	65	0.22	71.6	2.77	65.4	1.04
66.6	1.97	70	2.85	61	0.31	69.6	1.46	71.4	1.12	73.2	3.43	68.6	1.06
73	1.91	72.4	2.58	64.2	0.25	72	1.34	76.2	2.7	74	2.67	71.8	1.23
76.2	2.93	74.2	3.01	67.4	0.07	74.4	1.71	80.2	1.16	80.4	3.32	75	0.82
79.4	2.86	76	3.51	69.8	0.15	77.6	1.91	83.4	0.92	83.6	2.99	77.4	0.47
85	1.95	79.2	3.14	70.6	0.07	80	1.34	86.6	0.93	86.8	3.45	80.6	0.50
87.4	1.59	82.4	1.97	75	0.26	86.4	3.61	89	0.92	90	2.1	84.6	0.45
89.2	1.85	84.8	4.79	80.6	0.15	91.2	3.61			92.4	2.06	84.6	0.45
91	4.39	85.6	4.86	84.6	1.88	95.2	2.15			95.6	2.27	94.8	0.30
94.2	3.43	90	3.95	87	1.03	98.4	1.65			99.6	2.16	102.8	0.28
97.4	6.45	95.6	5.22	89.4	2.14	101.6	0.96						
99.8	6.54	99.6	5.57	92.6	2.12	104	0.91						
100.6	6.23	102	5.87	95	0.14								

注：G27为钻孔编号；B为与采煤工作面煤壁距离，m；Q为抽采瓦斯纯量，m³/min。

如图5.2所示，G27-1钻孔抽采瓦斯量峰值出现于工作面推进过后68.9m时，主要原因：峰值出现前一日（7月18日）关闭HGC1、G32、D31、G30、G29、D28等6个钻孔。说明此7个钻孔冗余度较高，存在"争抢"气源作用，有减少钻孔数量的余地。

如图5.3所示，G27钻孔抽采瓦斯量峰值出现于工作面推进过后15.2m时，峰值出现时间正常。后续出现两处次峰值，主要原因：第一个次峰值出现前一日

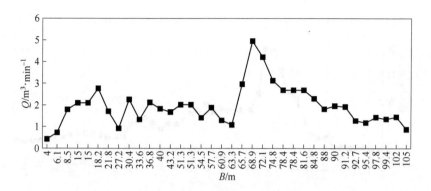

图 5.2 G27-1 钻孔抽采瓦斯量与工作面推进度关系图

（7 月 8 日）关闭 D32、G32、G30、G29、G28 等 5 个钻孔；第二个次峰值出现前一日（7 月 18 日）关闭 HGC1、G32、D31、G30、G29、D28 等 6 个钻孔。说明此区域钻孔冗余度较高，存在"争抢"气源作用，有减少钻孔数量的余地。

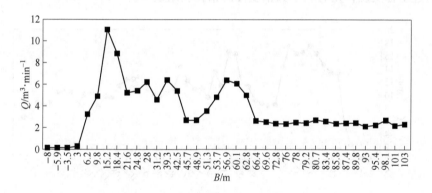

图 5.3 G27 钻孔抽采瓦斯量与工作面推进度关系图

如图 5.4 所示，G26 钻孔抽采瓦斯量峰值出现于工作面推进过后 37.6m 时，峰值出现时间略有推迟，主要原因：峰值出现前一日（7 月 18 日）关闭 HGC1、G32、D31、D30、G29、D28 等 6 个钻孔。说明此区域钻孔冗余度较高，存在"争抢"气源作用，有减少钻孔数量的余地。75.5 ~ 81.1m 处出现一次抽采量波动，应该与前两日（8 月 3 日）关闭 G27-1 钻孔有关，但影响强度较小；说明 G27-1 钻孔与 G26 钻孔存在比较合理的接力关系，钻孔间距也不宜更大。

如图 5.5 所示，G25 钻孔抽采瓦斯量尽管也有波动，但波动幅度不大，且衰减趋势不明显，从工作面推进过后 16.4m 时检测到瓦斯后直至工作面推进过后 142.2m 时关闭的整个过程中，抽采量一直处于高位运行，以至于无法确定其抽采半径，只能将服务推进度（125.8m）作为抽采半径加以记录。显然，G25 钻

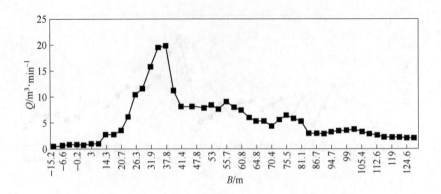

图 5.4   G26 钻孔抽采瓦斯量与工作面推进度关系图

孔的这些特点不具备典型性和代表性，因此造成这些特点的原因目前也并不清楚，有待于进一步研究。如果能够证实这些特点与采空区瓦斯分布机理有关并能够通过工程实现，则有利于大幅度提高钻孔利用效率。

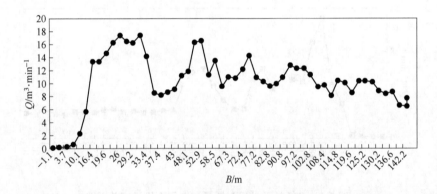

图 5.5   G25 钻孔抽采瓦斯量与工作面推进度关系图

G24 钻孔接入抽采系统时间较早（在工作面推进到距离该孔尚有 12m 时），但工作面通过 3~6m 后才抽到瓦斯，这一现象在其他钻孔的观测中也比较普遍，这一现象的意义是钻孔不宜过早接入抽采系统、比较合适的时间点为工作面推进通过钻孔约 3m 以上。

G24 钻孔抽采瓦斯量与工作面推进度关系图曲线如图 5.6 所示，曲线比较典型，具有代表性：（1）抽采瓦斯量峰值出现于工作面推进度过后 10.8~20.4m 时；（2）抽采瓦斯量开始急剧增加（4m）到急剧减少结束（36.7m），称为主要抽采期或有效抽采半径；该曲线显示 G24 钻孔有效抽采半径为 32.7m，大于钻孔布置间距（此段为 25m）。

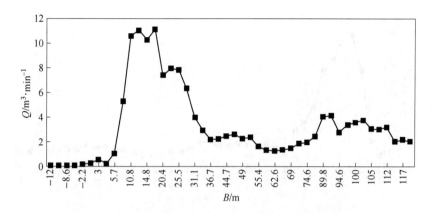

图5.6　G24钻孔抽采瓦斯量与工作面推进度关系图

工作面推进过后74.6m之后，该孔抽采量又出现一次持续时间较长（空间跨度近40m）的次峰值，与峰值出现前一日（8月23日）集中关闭G26、S7-1、S7-2孔和本孔停抽3日，及进入深部采空区有关。

如图5.7所示，G23钻孔接入抽采系统时间比较及时（在工作面推进过后3m时接入），抽采量已经开始上升，但工作面推进过后6m后达到峰值。该孔主要抽采期或有效抽采半径为27m，略大于钻孔布置间距（此段为25m）。

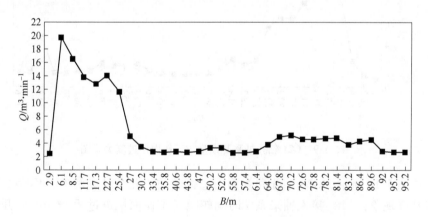

图5.7　G23钻孔抽采瓦斯量与工作面推进度关系图

如图5.8所示，G22钻孔接入抽采系统时间比较及时（在工作面推进过后0.4m时接入），抽采量已经开始上升，但工作面推进过后6m后达到峰值。该孔主要抽采期或有效抽采半径为30.4m，略大于钻孔布置间距（此段为25m）。

如图5.9所示，G21钻孔接入抽采系统时间早（在距离工作面尚有3m时接入），观测到抽采量也比较早，但在工作面推进过后2.6m才开始急剧上升，工

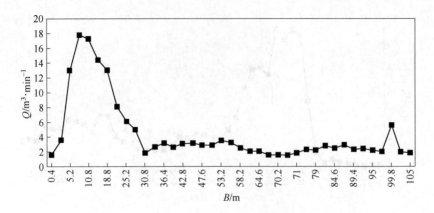

图 5.8　G22 钻孔抽采瓦斯量与工作面推进度关系图

作面推进过后 7.4m 后达到峰值。该孔主要抽采期或有效抽采半径为 25.6m，略大于钻孔布置间距（此段为 25m）。

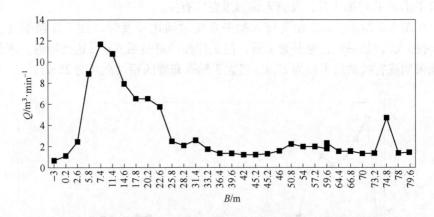

图 5.9　G21 钻孔抽采瓦斯量与工作面推进度关系图

如图 5.10 所示，G20 钻孔曲线形态总体与前述几个钻孔相符，但存在以下几点特殊现象：（1）接入抽采系统时间较晚（工作面推进过后 13.4m 时开始检测到瓦斯才接入）；（2）在抽采量上升段出现了短时停顿（19～22.2m）；（3）在推进过后 53m 时出现一次短时反弹。现象（1）的原因可能是该孔倾角较大（50°），导致冒落带、裂隙带充分发育后才能发挥作用；现象（2）的原因比较直观：9 月 7 日当日发生工作面停产；现象（3）的原因也比较直观：9 月 19～20 日当日发生工作面停产，并且停抽，导致 21 日抽采量短时反弹。该孔主要抽采期或有效抽采半径为 41.6m，远大于钻孔布置间距（此段为 25m），属于抽采效果较好的钻孔之一。

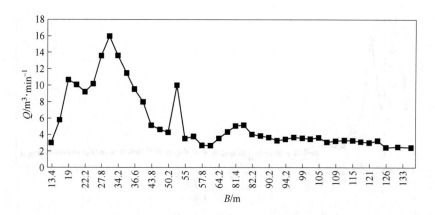

图 5.10　G20 钻孔抽采瓦斯量与工作面推进度关系图

如图 5.11 所示，G19 钻孔与 G25 钻孔曲线形态非常相似，抽采瓦斯量尽管也有波动，但波动幅度不大，且衰减趋势不明显，从工作面推进过后 6m 时检测到瓦斯后直至工作面推进过后 111m 时关闭的整个过程中，抽采量一直处于高位运行，同样无法确定其抽采半径，只能将服务推进度（105m）作为抽采半径加以记录。该孔属于抽采效果较好的钻孔之一。

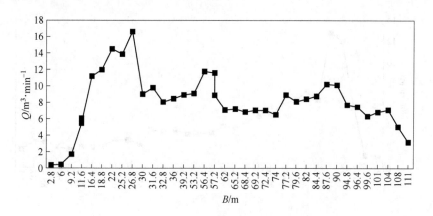

图 5.11　G19 钻孔抽采瓦斯量与工作面推进度关系图

如图 5.12 所示，G18 钻孔主要抽采期来得早、去得快，仅为 14m，远小于钻孔布置间距（此段为 25m），该孔尽管倾角达到 50°，但也有可能由于局部区域顶板结构导致钻孔与冒落带贯通。

如图 5.13 所示，G17 钻孔在工作面推进过后 7.2m 时抽采瓦斯量开始上升，但工作面推进过后 18.4m 后达到峰值。该孔抽采瓦斯量的特点是初期衰减较快（与大多数钻孔相似），后期衰减较慢（与大多数钻孔不同、与 G25、G19 等钻孔

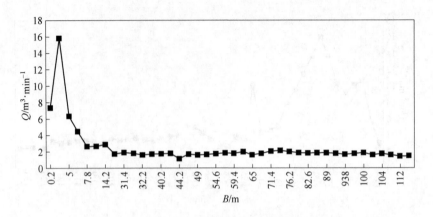

图 5.12　G18 钻孔抽采瓦斯量与工作面推进度关系图

相似），后者原因是其上位孔 G18 抽采瓦斯量衰减快，而其下位孔 G16 主要抽采期来得太迟。G17 钻孔与其上、下位孔的距离均为 25m，上述现象说明，钻孔间距 25m 仍然有一定的冗余度，能够避免由于个别钻孔"不给力"或者"不能及时给力"造成不良后果。

G17 钻孔主要抽采期或有效抽采半径为 53.6m，远大于钻孔布置间距。

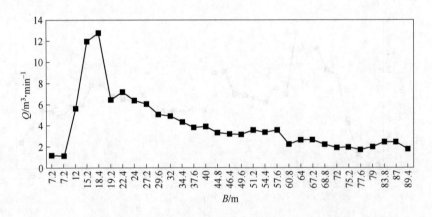

图 5.13　G17 钻孔抽采瓦斯量与工作面推进度关系图

如图 5.14 所示，G16 钻孔曲线形态存在以下几点特殊现象：（1）接入抽采系统时间较早但抽采量增长非常缓慢，工作面推进过后 31.6m 时才开始大幅度增加；（2）抽采量达到峰值后经历较小幅度衰减后就不再衰减。该孔主要抽采期或有效抽采半径为 86.4m，远大于钻孔布置间距（从该孔开始往后，钻孔布置间距由 25m 变为 15m），属于抽采效果较好的钻孔之一。该孔倾角较大 52°，是导致出现上述现象的根本原因。

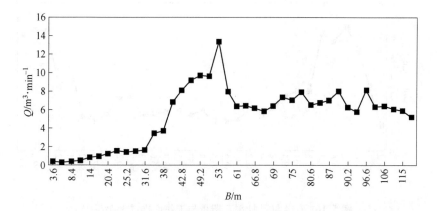

图 5.14 G16 钻孔抽采瓦斯量与工作面推进度关系图

如图 5.15 所示，G15 孔曲线形态符合一般规律，但兼具及时发挥作用、抽采量大且衰减缓慢的特点。该孔主要抽采期或有效抽采半径为 90.6m，远大于钻孔布置间距，属于抽采效果较好的钻孔之一。该孔倾角较大 50.5°，略小于 G16 孔，避免了 G16 孔初期抽采量增长缓慢、不能及时发挥作用的缺点。

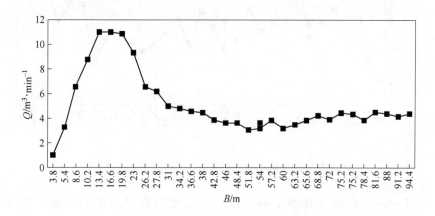

图 5.15 G15 钻孔抽采瓦斯量与工作面推进度关系图

如图 5.16 所示，G14 钻孔曲线形态比较特别，后期抽采瓦斯量出现了明显的反弹。经查，为 11 月 25 日同时关闭 G16、G15 两个抽采量处于高位运行的钻孔所致。此前也有这种情况发生，但没有此次反弹幅度大。反弹幅度的大小可能与钻孔布置间距有关，此前钻孔布置间距为 25m，现阶段为 15m。G13、G12、G11 各孔曲线形态均与 G14 孔相似。

如图 5.17 所示，G13 钻孔曲线形态比较特别，后期抽采瓦斯量出现了明显的反弹。经查，为 11 月 25 日同时关闭 G16、G15 两个抽采量处于高位运行的钻

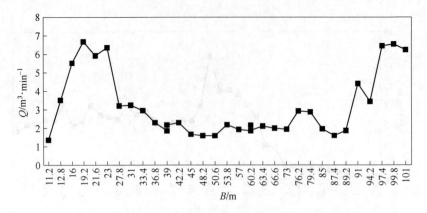

图 5.16　G14 钻孔抽采瓦斯量与工作面推进度关系图

孔所致。此前也有这种情况发生，但没有此次反弹幅度大。反弹幅度的大小可能与钻孔布置间距有关，此前钻孔布置间距为 25m，现阶段为 15m。

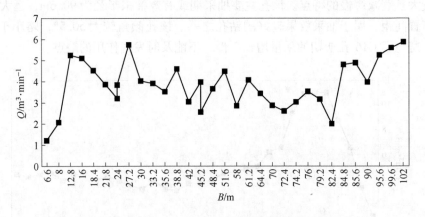

图 5.17　G13 钻孔抽采瓦斯量与工作面推进度关系图

G12～G8 钻孔抽采瓦斯量与工作面推进度关系如图 5.18～图 5.22 所示。G10～G8 钻孔围岩涌水量比较大，一定程度上可能影响抽采效果。是否存在影响抽采效果的其他因素，有待于进一步探索。应当注意到，以 G15 钻孔为界，此前钻孔间距为 25m，各孔抽采瓦斯量峰值都在 $10m^3/min$ 以上；此后钻孔间距为 15m，各孔瓦斯抽采量峰值远低于 $10m^3/min$。因此，试验人员产生了将 G15 钻孔之后相邻两孔作为一个单元，将其抽采效果与 G15 钻孔之前各孔对比的想法。G14-G13 单元、G13-G12 单元、G12-G11 单元、G11-G10 单元、G10-G9 单元、G9-G8 单元曲线如图 5.23～图 5.28 所示。根据表 5.3 中记录的数据，可以计算出每个单元的抽采数据，经计算对比，各单元平均抽采瓦斯量指标为 2.40～6.21 m^3/min，相当于表 5.6 中第 3～20 位，位次比较靠前，因此钻孔布置间距也是比较合理的。

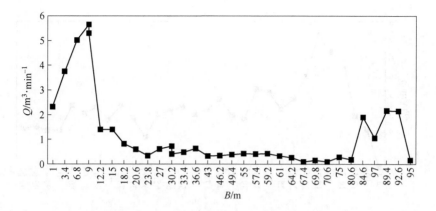

图 5.18 G12 钻孔抽采瓦斯量与工作面推进度关系图

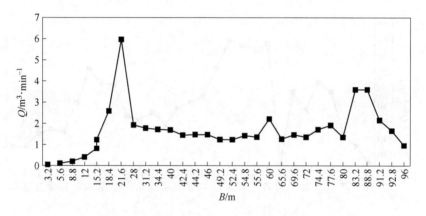

图 5.19 G11 钻孔抽采瓦斯量与工作面推进度关系图

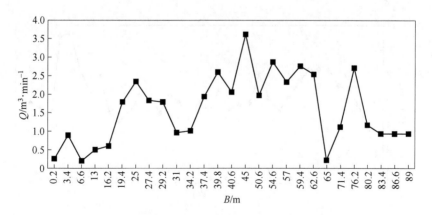

图 5.20 G10 钻孔抽采瓦斯量与工作面推进度关系图

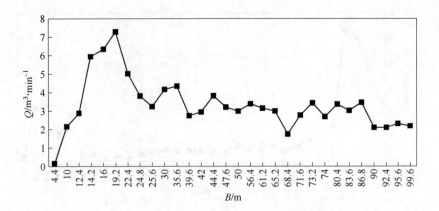

图 5.21　G9 钻孔抽采瓦斯量与工作面推进度关系图

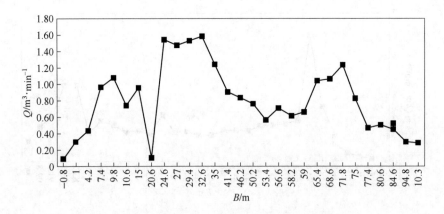

图 5.22　G8 钻孔抽采瓦斯量与工作面推进度关系图

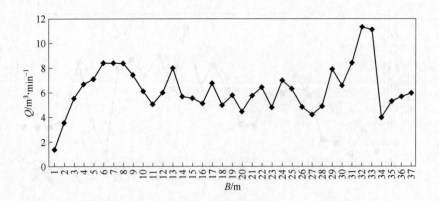

图 5.23　G14-G13 单元抽采瓦斯量与工作面推进度关系图

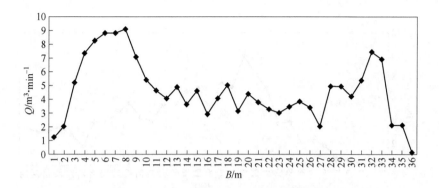

图 5.24   G13-G12 单元抽采瓦斯量与工作面推进度关系图

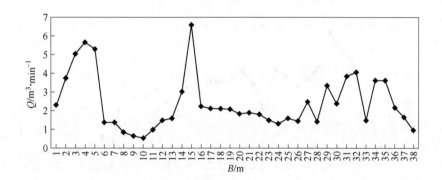

图 5.25   G12-G11 单元抽采瓦斯量与工作面推进度关系图

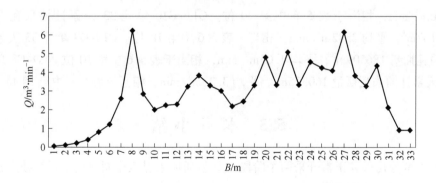

图 5.26   G11-G10 单元抽采瓦斯量与工作面推进度关系图

G14-G13 单元 37 天累计抽采瓦斯量 330854m³，平均 6.21m³/min，相当于表 5.6 中第 3 位。G13-G12 单元 36 天累计抽采瓦斯量 238392m³，平均 4.60m³/min，相当于表 5.6 中第 10 位。G12-G11 单元 38 天累计抽采瓦斯量 131242m³，平均

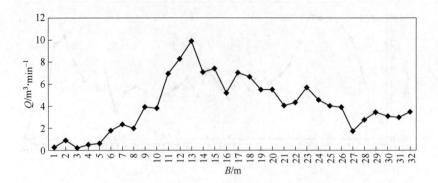

图 5. 27　G10-G9 单元抽采瓦斯量与工作面推进度关系图

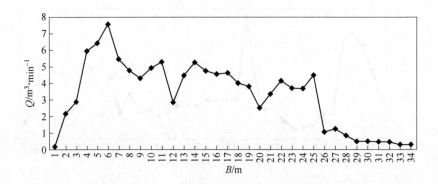

图 5. 28　G9-G8 单元抽采瓦斯量与工作面推进度关系图

2. 40m³/min，相当于表 5. 6 中第 20 位。G11-G10 单元 33 天累计抽采瓦斯量 134107m³，平均 2. 82m³/min，相当于表 5. 6 中第 18 位。G10-G9 单元 33 天累计抽采瓦斯量 186509m³，平均 4. 05m³/min，相当于表 5. 6 中第 10 位。G9-G8 单元 34 天累计抽采瓦斯量 160355m³，平均 3. 28m³/min，相当于表 5. 6 中第 14 位。

5.3　本章小结

　　本章分初采和正常开采两个阶段对 U 型通风采煤工作面邻近层瓦斯抽采技术进行了分析，结论如下：

　　（1）从生产技术部门矿压观测工作，总结的本矿井采煤工作面初次来压步距为 17~19m；从瓦斯涌出量角度考察，工作面开始推进度 28. 8~34. 4m 后初次来压才刚刚完成。生产技术部门统计的初次来压步距更适用于采煤工作面支护管理，通风、抽采部门则应从更大的时间、空间尺度加强瓦斯治理措施。

（2）第一横贯对于初采期间瓦斯治理发挥主导性、不可替代的作用；后高抽钻孔对于初采期间瓦斯治理作用非常有限，横贯不能完全取代后高抽钻孔，但低位钻孔可以完全取代后高抽钻孔。

（3）高位孔倾角下限为40°，钻孔倾角应保持在48°左右比较容易取得好的抽采效果。

（4）七横贯、六横贯、五横贯均未投入使用，用试验孔实施抽采，达到了与横贯相近的抽采效果，说明试验孔完全可以代替横贯。

（5）横贯抽采服务范围可以达到80m；试验孔抽采服务范围可以达到60m。

（6）个别试验孔抽采效果很差，主要原因是钻孔所在区域回风隅角顶板支护退锚不到位，导致钻孔未贯通冒落区。因此，类似钻孔应适当加大孔深，确保钻孔贯通冒落区。

（7）某个钻孔抽采瓦斯量开始急剧增加到急剧减少结束持续的时间或距离，称为主要抽采期或有效抽采半径。经观测，高位孔最小有效抽采半径为14m（G18孔），最大有效抽采半径为105m（G19钻孔）。

（8）以G15钻孔为界，此前钻孔间距为25m，此后钻孔间距为15m。以此为研究对象的对比试验表明，两种情况下单孔抽采瓦斯量与工作面推进度关系图曲线形态不同；后者相邻两孔组成的单元组合抽采效果要明显好于前者。

6 U型通风采煤工作面瓦斯治理的其他技术问题

6.1 专用瓦斯抽采巷（原尾巷）横贯风向（压差）问题

采煤工作面通风方式由"U+L"型变为"U"型，应当密切关注原专用排瓦斯巷横贯闭墙漏风情况。闭墙漏风将改变采空区瓦斯流场特性。

如果闭墙外通风负压大于采空区一侧，表现为采空区向外漏风，则有利于采空区瓦斯抽采和回风隅角瓦斯治理，但极容易造成闭墙附近瓦斯积聚。

如果闭墙外负压小于采空区一侧，则表现为向采空区内漏风。这种情况下，如果漏风比较严重，极容易造成工作面中后部（回风隅角上风侧）瓦斯积聚而回风隅角瓦斯相对较小。由于工作面中后部不设置甲烷传感器，因此此处瓦斯容易被漏检、漏报，不能实现瓦斯电闭锁，因此危险性极大。

另外，任何形式的采空区漏风均不利于缩短采空区氧化带深度，推迟采空区进入窒息带的时间，因此不利于采煤工作面采空区防灭火。

综上所述，应尽量避免采空区漏风，尤其要避免出现向采空区内漏风的情况。因此，需要专门对采煤工作面和下一区段相邻巷道（原专用排瓦斯巷道）通风压差进行调节，并保持压差方向绝对和压差大小基本稳定。减少采空区漏风，首先要尽量减少横贯数量；其次要严格把握横贯密闭墙的施工质量，必要时对密闭墙顶部、两帮和疏松煤体采取注浆措施。压差方向调节，可以在横贯上风侧设置风卡，也可以同时在回风顺槽设置风卡。

6.2 各类钻孔之间的负压分配问题

15103、15102、15101三个已采工作面采用走向高抽巷抽采，邻近层瓦斯抽采方法比较单一，闭墙口负压一般按8000~10000Pa控制。

15201采煤工作面改用倾斜钻孔+试验孔+横贯埋管综合抽采方法以后，仍然通过一趟管路抽采。初始阶段仍然按8000~10000Pa控制，发现倾斜钻孔流量偏小。经分析，倾斜钻孔不仅孔径小（ϕ200mm），又全长安装了护孔管（ϕ140mm），孔深一般为70~80m，抽采阻力最大；试验孔孔径、护孔管管径与倾斜钻孔相同，但孔深只有20m，抽采阻力次之；横贯埋管管径ϕ500mm，长度只有 3m，抽采阻力最小。经反复摸索，找到了各类钻孔之间的负压分配关系；一般情况下横贯埋管阀门最大角度 25°，将倾斜钻孔孔口负压调整至 14000 ~ 16000Pa 时，各类钻孔均可取得比较好的抽采效果。

6.3 钻孔解列与防灭火问题

所谓解列，就是永久性关闭某个钻孔阀门、停止抽采。钻孔最终都要解列，但解列的原因各异：（1）由于接力对象出现而解列，试验孔、横贯就属于这一类，当工作面推进通过下一组试验孔或下一个横贯时上一组试验孔或上一个横贯解列，服务推进度一般为 60 ~ 80m；（2）由于钻孔抽采量严重衰减而解列，服务推进度一般小于 90m，这一类钻孔共计有 10 个，其中低位孔占 40%；（3）由于服务推进度接近或达到 100m 而解列，这一类钻孔共计有 16 个，其中高位孔占 93.8%；（4）虽超期服务（服务推进度大于 120m），但由于其他原因不得不解列，这一类钻孔共计有 5 个，全部为高位孔。

矿井防灭火三带划分情况为：散热带宽度为 30m，氧化带宽度为 70m，窒息带位于工作面后方 100m 以里。对照三带划分情况，第四类钻孔可能会对采空区窒息带造成扰动影响，不利于采空区防灭火，应尽量避免钻孔超期服务。

6.4 "三高一低"支护改革与退锚困难加剧的对策

两巷端头退锚不到位都会导致采空区漏风。由于通风负压、抽采负压作用，以及进风隅角和回风隅角顶板垮落程度不同的影响，采空区漏风造成的后果不尽相同。对于进风隅角漏风，主要危害是增加采空区供氧，增加氧化带宽度，不利于窒息带的及时形成。对于回风隅角漏风，主要危害有两个方面，一是造成高浓度瓦斯向作业空间扩散，导致抽采系统"泄压"、抽采效率降低；二是增加采空区供氧，增加氧化带宽度，不利于窒息带的及时形成。

由此可知，进风隅角需要解决的主要问题是漏风量大小问题；回风隅角需要解决的主要问题是"气密性"问题。按照这个思路，15201 采煤工作面对于进风隅角采取的主要措施是"堵"，不苛求堵死，以增加漏风阻力、减少漏风为目的；回风隅角采取的主要措施是"放"，即加强退锚管理，应退尽退，强制放顶。因为在现有条件下，"堵"不可能堵严，不能较好地解决"气密性"问题。

高预应力、高刚度、高可靠性、低支护密度巷道支护简称"三高一低"支护。"三高一低"支护的推广，将进一步加剧两巷端头退锚困难。不仅进风隅角"堵"的工作量加大，同时也使回风隅角"放"的措施变得不可能。

退锚困难，应对不利于两巷端头隅角漏风管理的对策有三。

一是在回风顺槽采用原来的巷道支护设计；由于目前巷道支护强度问题主要表现在承受二次动压的进风顺槽，甚至可以考虑进一步调整回风顺槽巷道支护参数，使之既满足安全使用又便于退锚、增加易放性。

二是积极研究引进新材料，研发两巷端头隅角"人工帷幕"技术。"人工帷幕"技术的基本要求是安全经济、简单易行、耐久性好。

三是积极研究引进新装备。如高压水砂射流切割设备、强力破拆工具，均可破断锚具，组合使用可实现 100% 退锚。

7 结 论

（1）15101采煤工作面采用"U+L"通风方式，走向高抽巷抽采邻近层瓦斯；15201采煤工作面采用"U"型通风方式，高低位倾斜钻孔代替走向高抽巷、利用横贯埋设瓦斯管或钻孔抽采采空区瓦斯。15201采煤工作面与15101采煤工作面相比，15101采煤工作面瓦斯抽采率月度达标率为10%，15201采煤工作面瓦斯抽采率月度达标率为100%；15101采煤工作面瓦斯超限次数1次，而15201采煤工作面未发生瓦斯超限。

（2）本矿井采用高低位钻孔代替走向高抽巷是可行性。走向高抽巷施工速度慢，施工系统复杂，取消高抽巷有利于简化矿井生产系统和提高效益，有利于保证矿井采掘正常衔接。

（3）横贯抽采采空区瓦斯是一种介于密闭抽放法、插管法之间的新方法，既适用于生产工作面又避免了插管法的材料投入和管理难度，尤其适合于原来采用"U+L"型通风系统的采煤工作面。

（4）七横贯、六横贯、五横贯均未投入抽采，通过对比实验，用试验孔实施抽采，达到了与横贯相近的抽采效果，说明试验孔完全可以代替横贯，开切眼第一横贯（初采横贯）除外。九横贯、八横贯的相关抽采数据表明，试验孔对九横贯的抽采造成竞争，试验孔的抽采效果更好、竞争力更强。横贯抽采服务范围可以达到80m；试验孔抽采服务范围可以达到60m。钻孔施工比横贯更经济并且容易封堵，更有利于防灭火。

（5）试验过程中发现个别试验孔抽采效果很差，如S7-1、S7-2、S6-5、S5-4，现场发现这些孔所在区域回风隅角顶板支护退锚不到位，导致钻孔未贯通冒落区。因此，今后类似钻孔应适当加大孔深，确保钻孔贯通冒落区。

（6）15201采煤工作面倾斜钻孔抽采效果明显好于15101采煤工作面走向高抽巷。这样的观测结果明显不符合阳泉矿区大多数矿井瓦斯治理的一般认识，但通过走向高抽巷、倾斜钻孔的抽采机理分析，也不难发现抽采效果特别好的钻孔并非偶然。走向高抽巷抽采的特点是其连续性和稳定性；倾斜钻孔抽采的特点是其接力性和随机性。

（7）后高抽钻孔施工难度较大，施工质量难以保证，只有个别钻孔能发挥重要作用；施工后高抽钻孔的目的是实现低位孔到高位孔的过渡，可以分别施工低位孔、高位孔代替后高抽钻孔。

（8）从生产技术部门矿压观测工作，总结的本矿井采煤工作面初次来压步距为 17~19m；从瓦斯涌出量角度考察，工作面开始推进度 28.8~34.4m 后初次来压才刚刚完成。生产技术部门统计的初次来压步距更适用于采煤工作面支护管理，通风、抽采部门则应从更大的时间、空间尺度加强瓦斯治理措施。

（9）本次研究高位孔最小有效抽采半径为 14m（G18 孔），最大有效抽采半径为 105m（G19 孔）。

（10）U 型通风采煤工作面瓦斯治理不仅需要着重解决瓦斯抽采问题，相关的其他技术问题如专用瓦斯抽采巷（原尾巷）横贯风向（压差）问题、各类钻孔之间的负压分配问题、钻孔解列与防灭火问题、"三高一低"支护改革与退锚困难问题必须配套解决。

参 考 文 献

[1]《山西煤炭工业志·阳泉煤业集团志（1950～2010）》编纂委员会．山西煤炭工业志·阳泉煤业集团志（1950～2010）[M]．北京：煤炭工业出版社，2016.

[2]《〈煤矿安全规程（2011版）〉专家解读》编委会．《煤矿安全规程（2011版）》专家解读 [M]．徐州：中国矿业大学出版社，2011.

[3] 周连春，赵启峰．《煤矿安全规程（2016版）》专家释义 [M]．徐州：中国矿业大学出版社，2016.

[4] 李月奎．阳煤集团瓦斯治理技术 [R]．太原：山西煤矿安全监察局，2017：324-343.

[5] 李海贵．晋煤集团瓦斯综合治理技术与实践 [R]．太原：山西煤矿安全监察局，2017：295-303.

[6] 俞启香，程远平．矿井瓦斯防治 [M]．徐州：中国矿业大学出版社，2012：168.

[7] 阳泉新宇岩土工程有限责任公司．阳煤集团寿阳景福煤业有限公司矿井地质报告 [R]．晋中：阳煤集团寿阳景福煤业有限公司，2010.

[8] 河南理工大学．阳煤集团寿阳景福煤业有限公司矿井瓦斯涌出量预测报告 [R]．晋中：阳煤集团寿阳景福煤业有限公司，2010.

[9] 阳泉煤业（集团）有限责任公司．阳泉高瓦斯易燃煤层高产高效综放面瓦斯综合治理技术研究与应用 [R]．阳泉：阳泉煤业（集团）有限责任公司，2004.

[10] 林柏泉，程远平，等．矿井瓦斯防治理论与技术 [M]．2版．徐州：中国矿业大学出版社，2010.

[11] 赵鹏翔，王玉龙，李树刚．倾斜厚煤层仰斜综采面覆岩瓦斯缓渗区分域方法及分形特征研究 [J]．煤炭科学技术，2023，51：1-13.

[12] 吴贺林，马晓磊．中国煤矿瓦斯治理和利用的科技创新 [J]．测绘与勘探，2022，4（2）：37-39.

[13] 刘传信．瓦斯隧洞施工技术方案研究 [J]．水电水利，2021，5（7）：81-82.

[14] 张增辉，薛彦平．基于"U"型下行通风的综放工作面瓦斯治理数值模拟研究 [J]．煤矿安全，2021，52（12）：6.

冶金工业出版社部分图书推荐